Pruebas de Rendimiento TIC

Guía práctica para profesionales con poco tiempo y muchas cosas por hacer.

Javier Medina

Primera edición: mayo de 2014

Segunda edición: julio de 2014

Título original: Pruebas de rendimiento TIC

Diseño de portada: Javier Medina

©   2014, Javier Medina

De la presente edición:

©   2014, SG6 C.B.
         C/ Ángel 2, 3C
         30163, Laderas del Campillo (Murcia)
         info@sg6.es
         www.sg6.es

Nº ISBN: 978-1-291-93438-0

Esta obra está licenciada bajo la Licencia Creative Commons Atribución-NoComercial-SinDerivar 4.0 Internacional. Para ver una copia de esta licencia, visita http://creativecommons.org/licenses/by-nc-nd/4.0/.

A los que me habéis aguantado mientras lo he escrito.

A los correctores, casi involuntarios, quizá algo forzosos

A ti, que lo estás leyendo.

ÍNDICE

ÍNDICE 7
PRÓLOGO 9
¿OTRO LIBRO SOBRE LO MISMO? 11
GLOSARIO | 0 13
INTRODUCCIÓN | 1 17
    1.1 | ENFOQUE Y DESTINATARIOS 18
    1.2 | ¿QUÉ ES UNA PRUEBA DE RENDIMIENTO? 19
    1.3 | ¿PARA QUÉ SIRVE UNA PRUEBA DE RENDIMIENTO? 21
    1.4 | IDEAS ERRÓNEAS 22
    1.5 | ¿CÓMO USAR ESTA GUÍA? 25

ENTRANDO EN MATERIA | 2 27
    2.1 | TIPOS DE PRUEBAS 29
    2.2 | PERSPECTIVA DE EVALUACIÓN 36
    2.3 | MEDIDAS Y MÉTRICAS 41
    2.4 | EVALUACIÓN DE ARQUITECTURAS MULTICAPA 46
    2.5 | ANÁLISIS COMPARATIVO: PERFILES "BASE". 51
    2.6 | USUARIOS: GLOBALES, DEL SERVICIO, POR MES/DÍA/HORA, ACTIVOS VS. SIMULTÁNEOS VS. CONCURRENTES 56

HERRAMIENTAS | 3 61
    3.1 | RENDIMIENTO WEB: LAS HERRAMIENTAS CLÁSICAS 63
    3.2 | RENDIMIENTO NO WEB: HERRAMIENTAS ESPECÍFICAS 81
    3.3 | APACHE JMETER: LA NAVAJA SUIZA. 83
    3.4 | FRAMEWORKS: SCRIPTING PARA GENTE ELEGANTE 99

PLANIFICACIÓN| 4 103
    4.1 | OBJETIVOS: ¿POR QUÉ? 105
    4.2 | TIPO: ¿QUÉ? 107
    4.3 | ENTORNO Y CICLO DE VIDA: ¿DÓNDE? 109
    4.4 | CARGA: ¿CUÁNTA? 117

4.5 | Otras preguntas "secundarias" 124
4.6 | Un ejemplo para terminar 127

DISEÑO Y EJECUCIÓN | 5 131

5.1 | Diseño y construcción de pruebas 133
5.2 | Problemas habituales en la fase de diseño 161
5.4 | Ejecutar la prueba 176
5.5 | Problemas comunes en la fase de ejecución 179

ANÁLISIS DE RESULTADOS | 6 183

6.1 | La normalidad en el rendimiento 185
6.2 | La anormalidad en el rendimiento 190
6.3 | Rendimiento: errores y optimización 194
6.4 | Extrapolar datos de rendimiento 198

CASO PRÁCTICO | 7 203

7.1 | Primera parte: moodle preproducción 203
7.2 | Segunda parte: moodle producción 218
7.3 | Tercera parte: moodle sgbd 220

Prólogo

Fue a mediados del año 2008 cuando conocí al autor del libro: Javier Medina. Un joven consultor de una recién creada empresa: SG6. Se presentó con un proyecto de pruebas de intrusión en mi despacho de Director del Servicio de Tecnologías de la Información y las Comunicaciones (STIC) de la Universidad de Almería. En ese momento comenzó una colaboración entre nuestras organizaciones, que todavía continúa, que ha dado numerosos frutos y que ha permitido crecer y mejorar a ambas.

Este libro es uno de los resultados de esa colaboración. En este caso de la necesidad por parte del STIC de formar a aquellos de nuestros técnicos que en algún momento se ven ante la necesidad de ejecutar una prueba de rendimiento en nuestro sistema de información. La idea, en definitiva, ha sido crear algo para aquellas personas que realizan otras tareas en el ámbito de las TIC y que solo de forma esporádica se van a ver en la necesidad afrontar esta tarea.

Las características personales del autor, clarividencia, tozudez, versatilidad y sentido práctico, se reflejan en este libro que tienes en tus manos. El objetivo de explicar qué es y cómo realizar e interpretar de forma correcta una prueba de rendimiento está sin duda más que conseguido a lo largo de sus capítulos.

Por ello, si quieres o tienes que aprender a hacer pruebas de rendimiento y no quieres ni perder tiempo, ni que te mareen, mi recomendación es que lo leas.

Diego Pérez Martínez

¿OTRO LIBRO SOBRE LO MISMO?

Parece que sí, que otro libro más sobre lo mismo. Pero con matices. La guía que tienes entre las manos (o que estás leyendo en una pantalla) es la respuesta a una necesidad de trabajo que ha ido creciendo casi sin pretenderlo. Y que además, parece, puede ser útil a más gente.

La tarea empezó, como cuenta el prólogo, con la idea de formar profesionales IT que no son, ni quieren ser, expertos en pruebas de rendimiento. Administradores de sistemas, administradores de red o desarrolladores que ven éstas pruebas como una *herramienta* más de su trabajo. Una herramienta a usar cada cierto tiempo, cuando hay un problema o duda que responder. Y en consecuencia quieren claridad y practicidad porque después de la prueba de rendimiento hay que volver al quehacer diario: subir de versión una base de datos, programar una nueva aplicación, actualizar el *firmware* de un *router*...

Al principio del proyecto, no obstante, no estaba nada claro que hiciese falta escribir un nuevo *libro* (de libros innecesarios ya está lleno el mundo). Al ojear lo que ya había escrito, salvo no encontrar casi nada en castellano, no aparecían más motivos. *The Art of Application Performance Testing*, *Performance Testing Guidance for Web Applications*, *Performance Testing with Jmeter*... aparentaban ser suficientes páginas ya escritas.

Y convencido estaba de no tener que escribir hasta que releí con más detenimiento algunos de ellos. Dándome cuenta de algo en lo que nunca me había fijado: eran libros cuyo público *objetivo* son profesionales interesados en profundizar en las mejores prácticas sobre estos asuntos. Sin embargo, no terminan de encajar ante la necesidad de un texto con el que guiar a perfiles que no desean, ni necesitan, ser *expertos*.

Es decir, para formar un grupo heterogéneo, como el del proyecto que ha originado este texto, son libros a los que les falta *realismo doméstico*.

Falta concisión, pragmatismo, casos prácticos, uso demostrativo de herramientas, ejemplos para la interpretación de resultados,... parecen escritos para alguien que ya sabe de qué le estás hablando. Por tanto, sí que existía un motivo para escribir algo nuevo.

Una vez escrito, el siguiente paso ha venido un poco *rodado*: no parece disparatado pensar que la necesidad original no pueda ser la necesidad de otras organizaciones: disponer de profesionales IT con perfiles heterogéneos que realicen de pruebas de rendimiento, puntuales, como parte de su trabajo.

Pruebas que les permitan contestar de forma adecuada a las preguntas que surgen, día a día, en la gestión de un sistema de información: ¿Cuántos usuarios soportará como máximo nuestra nueva aplicación? ¿El cambio de tecnología en los servidores de base de datos ha tenido un impacto en el rendimiento del sistema? ¿Podemos atender un número de usuarios concreto y mantener la calidad de servicio? ...

Preguntas cotidianas que en el momento que puedan estar quedando sin respuesta, justifican no sólo ya escribir, sino, más importante, hacerlo público y accesible digitalmente a todos los que la necesiten, bajo formato Creative Commons, así como distribuirlo impresa en papel para los que prefieran su adquisición en soporte físico.

Sin más, de verdad, espero que sea útil.

Javier Medina.

Glosario | 0

Capacidad

La capacidad de un sistema es la carga total de trabajo que puede asumir ese sistema manteniendo unos determinados criterios de calidad de servicio previamente acordados.

Carga de Trabajo

La carga de trabajo es el conjunto de tareas aplicadas a un sistema de información para simular un patrón de uso, en lo que respecta a la concurrencia y / o entradas de datos. La carga de trabajo se simula a partir del número total de los usuarios, de los usuarios activos simultáneos, del volumen de transacciones y de los tipos de transacciones empleados.

Escalabilidad

La escalabilidad se refiere a la eficacia de un sistema de información para gestionar el incremento de la carga de trabajo, aprovechando los recursos del sistema: procesador, memoria, ...

Estabilidad

En el contexto de las pruebas de rendimiento, la estabilidad se refiere a la fiabilidad general del sistema, la robustez y ausencia de fallos en las respuestas, la integridad funcional y de datos ante situaciones de alta carga, la disponibilidad del servicio y la consistencia en los tiempos de respuesta.

Investigación

La investigación son todas las actividades relacionadas con la recopilación de información sobre tiempos de respuesta, escalabilidad, estabilidad, ... que se emplean para probar o refutar una hipótesis sobre la causa raíz de un problema de rendimiento.

Latencia

La latencia es una medida del retardo en el procesamiento de la información. Es decir es el tiempo que transcurre esperando una respuesta sin que exista procesamiento de información. La latencia puede ser compuesta por un sumatorio de los retardos de cada subtarea.

Metas

Las metas de rendimiento son objetivos de rendimiento de carácter interno que se desean cumplir antes de la liberación de un servicio. Las metas son negociables, adaptables y no dependen del cliente.

Métrica

Las métricas son conjuntos de medidas obtenidas a partir de pruebas de rendimiento que presentan un contexto, poseen un sentido y transmiten una información.

Objetivos

Los objetivos de rendimiento son los valores deseados del rendimiento de un sistema. Se obtienen directamente de las métricas. Los objetivos de rendimiento agrupan, por tanto, metas y requisitos.

Rendimiento

El rendimiento es el número de unidades de trabajo que se pueden gestionar por unidad de tiempo; por ejemplo, peticiones por segundo, llamadas por día, visitas por segundo, informes anuales, ...

Requisitos

Los requisitos de rendimiento son objetivos dependientes del cliente y, por tanto, de obligado cumplimiento antes de la liberación de un servicio.

Saturación

Punto máximo de utilización de un sistema a partir del cual se degrada el rendimiento del mismo.

Tiempo de respuesta

El tiempo total que tarda un sistema de información en atender una petición de usuario, incluye el tiempo de transmisión, el tiempo de latencia y el tiempo de procesamiento.

Umbral de rendimiento

Los umbrales de rendimiento son los valores máximos aceptables para cada uno de los objetivos que conforman una prueba de rendimiento.

Utilización

Porcentaje de tiempo que un recurso está ocupado atendiendo las peticiones provenientes del usuario.

Introducción | 1

Empezamos con un primer capítulo donde tratar **cinco puntos** básicos, que incluso pueden parecer poco importantes, pero que nos serán de utilidad en las siguientes partes y, lo principal, permiten a cualquiera que eche un vistazo saber si es esta guía es lo que necesita o si por el contrario está buscando otra cosa.

- ✓ **Enfoque y destinatarios.** Cuál es la finalidad y para qué personas está pensado este texto. Importante la parte del enfoque para entender el resto de la guía.

- ✓ **¿Qué es una prueba de rendimiento?** Explicación breve y sencilla de, según el enfoque que hemos tomado, qué son las pruebas de rendimiento.

- ✓ **¿Para qué sirve una prueba de rendimiento?** El siguiente paso a conocer qué son es saber para qué las podemos utilizar.

- ✓ **Ideas erróneas.** Más importante que saber para qué las podemos utilizar, está el conocer qué ideas debemos desterrar, porque en caso de no hacerlo posiblemente nos equivoquemos al usarlas.

- ✓ **¿Cómo usar esta guía?** Como último punto del capítulo, una vez que sepamos si somos los destinatarios adecuados, qué son las pruebas de rendimiento, para qué sirven y para qué no sirven, tendremos un pequeño resumen de los siguientes capítulos y unas recomendaciones de uso.

1.1 | Enfoque y destinatarios

Los destinatarios de este libro son profesionales en los campos de las tecnologías de la información y la comunicación que, <u>sin dedicarse a ello a tiempo completo y sin intención de convertirse en expertos de la disciplina</u>, necesitan hacer pruebas de rendimiento como parte de su trabajo; usando herramientas de acceso público, gratuito y libre.

El enfoque de la guía, siendo consecuentes con el público objetivo, es reduccionista. Es decir, lo que lees en ningún momento pretende ser la biblia de las pruebas de rendimiento; sino todo lo contrario.

En todo momento se intenta simplificar, descartar información excesiva, agrupar casos habituales y procedimentar la realización de pruebas de rendimientos.

La idea es que cualquiera, incluso sin nunca haber hecho una antes, con un poco de esfuerzo por su parte, consiga dar respuesta a las preguntas más comunes a las que una prueba de este tipo responde.

La decisión de simplificar, descartar, agrupar y procedimentar implica, no puede ser de otra forma, una pérdida de *precisión* y de *exactitud* en las pruebas que se realicen usando este texto como base. Usando metodologías más completas y enfoques más globales los resultados que se obtendrán serán más precisos.

Sin embargo, nuestra finalidad es otra.

Queremos obtener resultados lo suficientemente buenos como para que sean válidos en la toma de decisiones. Y queremos que estos resultados puedan ser obtenidos por cualquiera profesional de los que conforman un área/departamento TIC.

Este es el enfoque de esta guía. Esperemos que te sea útil.

1.2 | ¿QUÉ ES UNA PRUEBA DE RENDIMIENTO?

Según dice esa fuente del saber humano llamada Wikipedia[1]: *En la ingeniería del software, las pruebas de rendimiento son las pruebas que se realizan [..] para determinar lo rápido que realiza una tarea un sistema en condiciones particulares de trabajo. También puede servir para validar y verificar otros atributos de la calidad del sistema, tales como la escalabilidad, fiabilidad y uso de los recursos. Las pruebas de rendimiento son un subconjunto de la ingeniería de pruebas, una práctica informática que se esfuerza por mejorar el rendimiento, englobándose en el diseño y la arquitectura de un sistema, antes incluso del esfuerzo inicial de la codificación.*

La definición de Wikipedia es completa, sin embargo, en línea con el enfoque de la guía, más que determinar lo rápido que se realiza un trabajo, la idea con la que nos vamos a mover es la de determinar si el trabajo se realiza dentro de unos parámetros de *calidad de servicio*.

Por tanto una buena definición de qué es una prueba de rendimiento sería:

- Un conjunto de pruebas que se realizan para determinar si un servicio IT atiende a sus usuarios dentro de unos parámetros de *calidad de servicio* (tiempo de respuesta, disponibilidad, ...) ante unas condiciones determinadas del sistema de información (número de usuarios, tipo de peticiones, tiempo...).

Traducido a algo más tangible. Ejemplo: realizar unas pruebas para conocer si ante un volumen concreto de usuarios nuestra aplicación web de *reservas* es capaz de atender las peticiones más habituales de una sesión de navegación en menos de 2 segundos.

---

[1] http://es.wikipedia.org/wiki/Pruebas_de_rendimiento_del_software

Anatomía de una prueba de rendimiento

Dejando al margen definiciones, el siguiente diagrama **[Figura 1.1]** ilustra de forma sencilla qué fases encontramos en una prueba de rendimiento, en qué consisten y cómo se relacionan entre ellas.

Importante ver que se distinguen tres fases y observar que la parte puramente técnica (la ejecución de la prueba) es una pequeña parte del proceso.

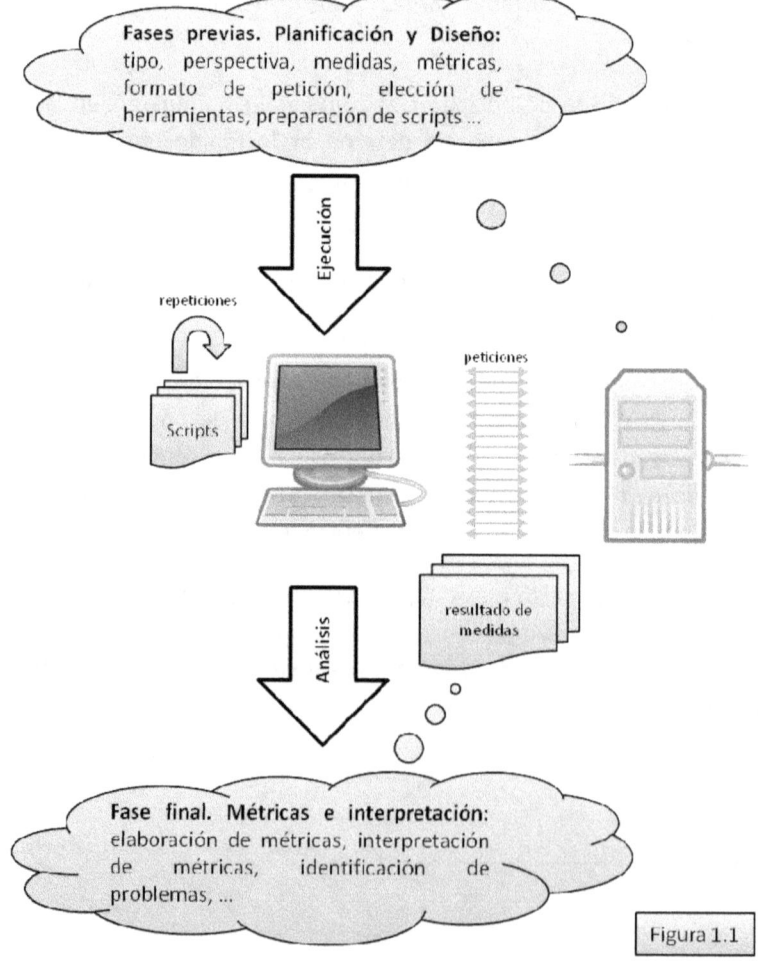

Figura 1.1

1.3 | ¿PARA QUÉ SIRVE UNA PRUEBA DE RENDIMIENTO?

Una prueba de rendimiento, dependiendo del tipo de prueba, más adelante veremos los tipos, y del punto del ciclo de vida del servicio en los que se realicen pruebas puede tener utilidades diversas.

Fase de desarrollo

- Detección de defectos de rendimiento tempranos.

Fase de Preproducción

- Predecir el funcionamiento de la aplicación en el entorno producción en base a unas estimaciones de uso y escalado.

- Detección de errores o defectos de rendimiento en el servicio (software o hardware).

- Comparar el rendimiento del servicio en preproducción con el de otros servicios evaluados o con un *baseline previo* (en el siguiente capítulo veremos el concepto del "perfil base") pudiendo establecer criterios de paso a producción.

Fase de Producción

- Evaluar si un servicio se adecúa correctamente a las necesidades de calidad de servicio del usuario (principalmente en parámetros de tiempo de respuesta)

- Evaluar la estabilidad y la degradación del servicio.

- Evaluar cómo cambios en la infraestructura IT que sustenta el servicio (bases de datos, servidores de aplicación, infraestructura de red) afecta al rendimiento del mismo.

- Detección de defectos y mejoras de eficiencia: cuellos de botella, comportamiento ante niveles de carga, ...

1.4 | IDEAS ERRÓNEAS

Dos ideas erróneas están muy generalizadas cuando se habla de pruebas de rendimiento. La primera es *olvidar qué significa simular* y la segunda es *dar demasiada importancia a los datos*.

Ideas que son bastante pertinaces y que muchas veces se cuelan incluso en el discurso de los más doctos en la materia (esperamos que en esta guía se hayan mantenido a raya).

Olvidar qué significa simular

Por muy bien que lo hagamos, por muy meticulosos, globales y concienzudos que seamos realizando una prueba de rendimiento (muchísimos más concienzudos que lo que contempla esta guía) al final nuestra prueba de rendimiento es una simulación de un subconjunto de acciones plausibles sobre un servicio/aplicativo.

Por ello, no vamos a poder tener una equivalencia absoluta respecto a los eventos a los que el servicio o la aplicación se enfrentarán en un futuro. Podremos aproximarnos, podremos predecir, podremos estimar, pero no podremos conocer con exactitud qué pasará en la realidad.

En consecuencia, cuando realicemos una prueba de rendimiento debemos tener siempre presente, y nunca olvidar, que los resultamos que obtengamos son una aproximación a lo que podría suceder, que son susceptibles de error y que las decisiones que tomemos en base a ellos deben contemplar esa posibilidad de error.

Ejemplificando, quizá de forma un poco burda, tiene poco sentido pensar que porque nuestra aplicación se ha comportado de forma "adecuada" ante 50 usuarios simultáneos en una prueba de carga de 20 minutos de duración en preproducción, va a hacer lo mismo en el entorno de producción enfrentándose a esos mismos 50 usuarios simultáneos durante meses (crecimiento de la base de datos, aumento de ficheros temporales, incremento de información almacenada en disco, ...).

Dar demasiada importancia a los datos

Quizá porque, a priori, puede parecer que la parte más compleja de una prueba de rendimiento es la parte técnica, es decir, la preparación de las herramientas para obtener los datos de rendimiento, se puede caer en la sobrevaloración de los mismos. Pero la realidad es que los datos que se obtienen son sólo eso, datos. Y deben ser interpretados y puestos en contexto; que es la parte verdaderamente útil del asunto y donde, por dejadez, es fácil cometer errores.

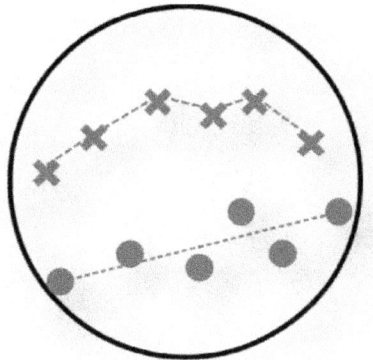

Cuando hacemos pruebas de rendimiento lo que obtenemos son parámetros sin ningún significado por ellos mismos: *Tiempo de respuesta, número de peticiones atendidas, número de peticiones erróneas...* únicamente datos que en bruto, resultado de finalizar la prueba.

Sin embargo, a poco que lo pensemos durante un instante, veremos que 3 segundos de tiempo de respuesta puede ser válido para un tipo de aplicación y totalmente inviable para otro tipo de aplicación; de la misma forma que 10 fallos por cada 1000 peticiones puede ser una cifra aceptable o puede ser totalmente inaceptable, según lo que estemos tratando.

Por tanto, debemos entender, desde el principio, que efectivamente para que una prueba de rendimiento sea útil está claro que debemos obtener datos, y de la mayor calidad, pero una vez obtenidos, el problema pasa a ser otro.

Un ejemplo sencillo para ver que realmente un dato *no tiene un gran valor* sin una interpretación del mismo y un contexto es el EJEMPLO 1-1 que podemos encontrar en la siguiente página.

↘ EJEMPLO 1-1

Tenemos una nueva aplicación en pre-producción.

Se realizan un conjunto pruebas de carga básicas y se obtienen los siguientes datos.

¿Podemos obtener alguna conclusión a partir de los mismos? ¿Podemos, por ejemplo, saber si la aplicación está lista para su paso a producción?

Parece evidente que no es posible determinarlo (aunque tengamos datos precisos) porque carecemos de contexto y de una interpretación de resultados. Podríamos pensar que si es una aplicación que van a usar unas pocas decenas de usuarios, 500 milisegundos es un tiempo razonable de respuesta. ¿Pero y si la van a usar miles? ¿Son más de 4 segundos un tiempo razonable de respuesta? Como usuarios, ¿nos imaginamos 4 segundos esperando una respuesta de *Google*? ¿Y esperando esos 4 segundos para generar el listado de operaciones de las últimos 24 meses de nuestro servicio de banca online?

Contexto e interpretación de resultados son lo que dan valor.

1.5 | ¿CÓMO USAR ESTA GUÍA?

Esta guía tiene dos partes. Por un lado, una primera parte, que tiene un enfoque introductorio, y por otro, una segunda parte destinada a la creación de pruebas y a la evaluación de rendimiento que termina con un caso práctico completo.

Si nunca has hecho una prueba de rendimiento, el uso más razonable sería, primero leer bien la parte teórica, sobre todo los primeros capítulos, sin prisas y deteniéndose en los ejemplos que hay en ella. Para una vez hecho, pasar a la parte final, donde lo recomendable sería reproducir los casos prácticos.

Por el contrario si ya estás mínimamente familiarizado con las pruebas de rendimiento, es posible que las partes más interesantes sean las dedicadas al diseño y construcción de pruebas, la dedicada a evaluación de resultados y el caso práctico final.

ENTRANDO EN MATERIA | 2

Este capítulo número dos tiene por objetivo tratar una serie de conceptos, algunos ellos básicos, que es necesario conocer antes de entrar a explicar una metodología para la realización de pruebas de rendimiento o de analizar herramientas con las que realizar estas pruebas. Son los siguientes.

- ✓ **Tipo de pruebas.** Cuando hablamos de pruebas de rendimiento agrupamos en un término muchos tipos diferentes de pruebas, con distintas finalidades. Pruebas de carga, pruebas de stress o pruebas de capacidad, son conceptos que en principio pueden parecer "lo mismo"; pero que no lo son.

- ✓ **Perspectiva de evaluación.** Otro asunto importante es entender lo que se conoce como *perspectiva de evaluación*. Es decir, en la piel de quién nos ponemos cuando realizamos la prueba de rendimiento. No es lo mismo realizar la prueba de rendimiento desde la perspectiva del usuario final, que desde la perspectiva de un desarrollador o de la de un administrador de sistemas.

- ✓ **Medidas y Métricas.** Hasta ahora hemos hablado de algunas de ellas, por ejemplo, *tiempos de respuesta* o *número de peticiones erróneas*. Sin embargo existen otras y además debemos ahondar en la construcción de métricas a partir de ellas.

- ✓ **Evaluación de arquitecturas multicapa.** Hoy día un amplio número de pruebas de rendimiento se realizan sobre la capa de servicio/aplicación web, sin embargo existen otras capas (red, datos, etc.) que es conveniente conocer y de las que debemos valorar sus implicaciones para obtener calidad en los datos de rendimiento obtenidos.

- ✓ **Perfiles Base.** En el primer capítulo se nombraron, sin explicarlos, los *baseline* o perfiles "base". Una herramienta de trabajo útil a la hora de realizar pruebas de rendimiento y establecer comparaciones. Ha llegado el momento de explicarla con detalle.

- ✓ **Usuarios.** ¿Es lo mismo un usuario simultáneo que uno concurrente? ¿Cómo influye el número total de usuarios del aplicativo en el rendimiento? Son conceptos que en ocasiones se mezclan, hablando indistintamente de simultáneo, de concurrente o simplemente de "usuarios", cuando en realidad hay que diferenciarlos y debemos profundizar en esas diferencias pues son muy significativas a la hora de hacer pruebas de rendimiento.

2.1 | Tipos de pruebas

A la hora de expresarnos unas veces hablamos de *pruebas de rendimiento*, mientras que otras decimos cosas como *pruebas de carga*, *test de stress* o cualquier idea que nos suene parecida. Al hacerlo cometemos abusos del lenguaje, incluso pequeñas atrocidades, porque realmente una prueba de carga y una prueba de stress son algo distinto.

Vamos a intentar explicar esas diferencias y mas allá de la diferencias, lo verdaderamente importante: para qué sirve cada tipo de prueba y qué prueba tenemos que hacer según lo que queramos averiguar. Como aclaración previa, estas definiciones no son axiomas y entre algunas de ellas hay tanta relación que es difícil separarlas.

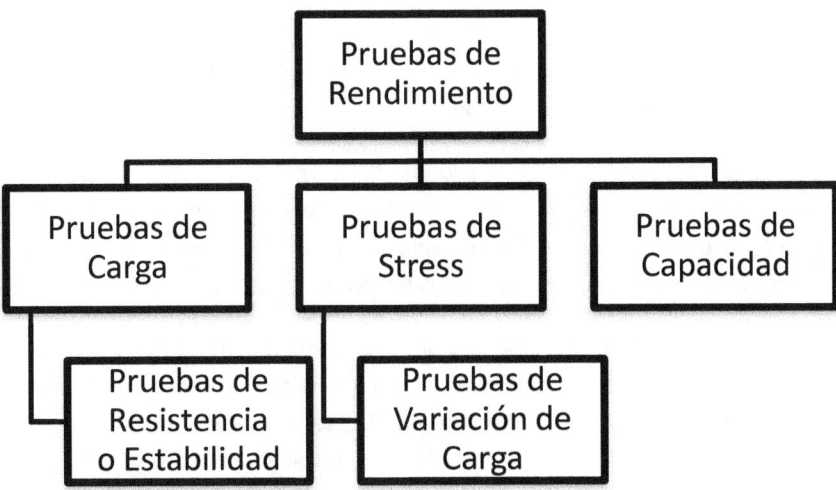

Pruebas de rendimiento

Pruebas de rendimiento son todas las pruebas que vamos a ver a continuación. Es frecuente que cuando se habla de "realizar pruebas de rendimiento a un sistema" se esté agrupando en un sólo concepto la realización simultánea de varias pruebas, por ejemplo: una prueba de carga, una prueba de resistencia y una prueba de stress.

Prueba de carga

Se trata de la prueba de rendimiento más básica.

El objetivo de una prueba de carga es evaluar el comportamiento del sistema bajo una cantidad de peticiones determinadas por segundo. Este número de peticiones, a nivel básico, puede ser igual que el número de usuarios concurrentes esperados en la aplicación más/menos unos márgenes.

Los datos a recopilar son principalmente dos: tiempo de respuesta de la aplicación y respuestas erróneas.

La ejecución de una prueba de carga, por tanto, consiste en seleccionar un número usuarios concurrentes/simultáneos estimados y medir los parámetros elegidos en una serie de repeticiones de la prueba, determinando si se mueven en umbrales aceptables de rendimiento.

Un detalle importante es que dependiendo del autor/escuela del libro que tengamos delante nos dirán que la prueba de carga también sirve para determinar el punto de ruptura del servicio. Esta información, en opinión del que escribe, es parcialmente falsa. El punto de ruptura del servicio, es decir, el número de peticiones a partir de los cuales la aplicación deja atender al usuario, sólo se identificará en una prueba de carga si existen errores/defectos de rendimiento en la aplicación. Es decir, si el punto de ruptura del servicio está por debajo del número de peticiones que se espera que la aplicación deba soportar. Pero no será objetivo de la prueba de carga encontrarlo.

↘ EJEMPLO 2-1

El gráfico 1 de este ejemplo muestra el resultado de una prueba de carga para un sistema donde se han estimado 30 usuarios concurrentes con 1 petición por segundo y donde se han evaluado unos márgenes de seguridad de +/- 10 usuarios.

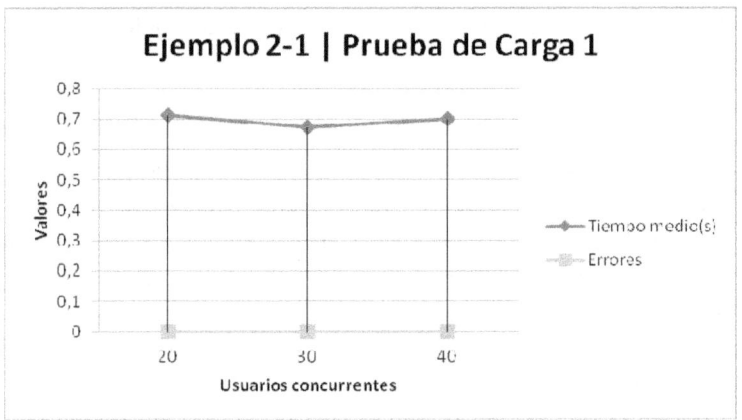

El siguiente gráfico, por el contrario muestra el resultado que obtendríamos en caso de existir algún error/defecto de rendimiento que haría aparecer el punto de ruptura del servicio durante la prueba de carga.

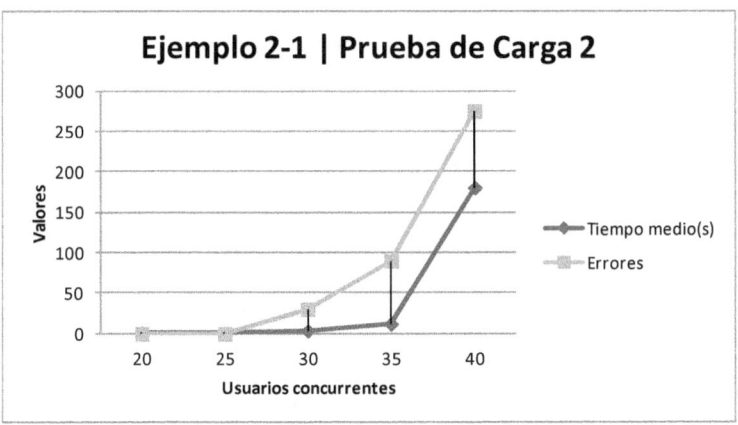

Prueba de resistencia

Las pruebas de resistencia, también llamadas de estabilidad, son una variante de las pruebas de carga.

El objetivo de una prueba de resistencia/estabilidad es determinar el comportamiento de la aplicación a lo largo del tiempo y evaluar la degradación del rendimiento derivada del uso sostenido.

El tiempo de prueba más común suelen ser unas decenas de minutos. Un ejemplo típico de prueba de carga podrían ser: 30 usuarios, haciendo una o dos peticiones por segundo cada usuario, con un periodo de crecimiento de 2 minutos y un periodo estable de 3 minutos. En una prueba de carga convencional difícilmente se va a poder apreciar la degradación de rendimiento derivada del uso continuado del aplicativo durante días o semanas.

La ejecución de una prueba de resistencia es muy similar a una prueba de carga, se usa como referente el número de usuarios concurrentes esperados pero su duración es de días.

➤ **EJEMPLO 2-2**

El gráfico nos muestra una prueba de resistencia durante 7 días.

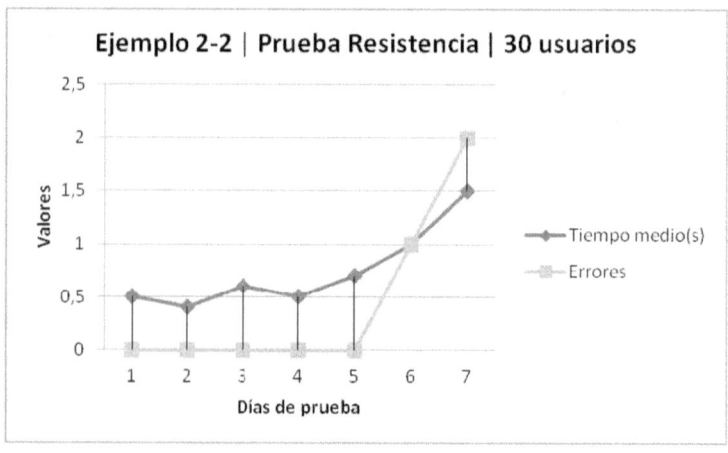

Prueba de stress

Las pruebas de stress, a diferencia de las pruebas de carga, tienen por objetivo determinar el punto de ruptura del servicio y analizar sus causas que suelen estar derivadas de problemas que suceden ante condiciones muy elevadas de carga: mala escalabilidad, agotamiento de capacidad, fugas de memoria, condiciones de carrera, ...

La prueba de stress se inicia con un número bajo de usuarios que se duplican ciclo a ciclo hasta que se determina el punto de ruptura del servicio. Se pueden simular peticiones continuas para aumentar la carga.

Para este tipo de pruebas puede ser necesario utilizar técnicas distribuidas de evaluación, usando por tanto más de un sistema, cuando es necesario simular cantidades tan altas de usuarios y peticiones por segundo que un único sistema es incapaz de generarlas.

↘ **EJEMPLO 2-3**

El gráfico nos muestra el resultado de una prueba de stress básica. Con una degradación perceptible del servicio por encima de 160 usuarios concurrentes y con una ruptura del servicio por encima de los 320 usuarios concurrentes.

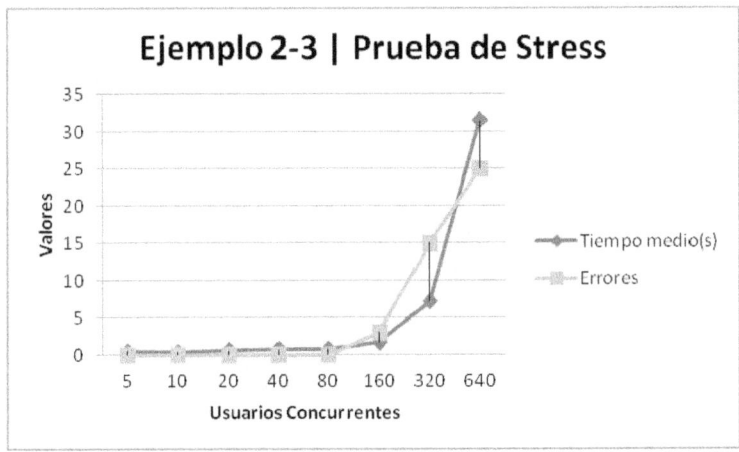

Pruebas de variación de carga o pruebas de picos de carga

Las pruebas de variación de carga (o pruebas de picos de carga) es un tipo muy concreto de prueba de stress que tiene por objetivo exponer al sistema de información a unas condiciones de carga varias veces superiores a las habituales (pico de carga), de tal forma que se pueda determinar qué sucedería ante una avalancha puntual de usuarios (escalabilidad, recuperación de recursos, ...)

En este tipo de pruebas se parte del volumen normal de usuarios concurrentes del aplicativo y se introducen alternamente los picos de carga. La situación idónea es que no exista pendiente entre las líneas que unen las cotas superior e inferior en las iteraciones de la prueba.

↘ **EJEMPLO 2-4**

El gráfico nos muestra el resultado de una prueba de picos de carga donde se parte de un escenario base habitual de 30 usuarios concurrentes, se triplica esa carga y se vuelve al escenario base, en una serie 6 iteraciones.

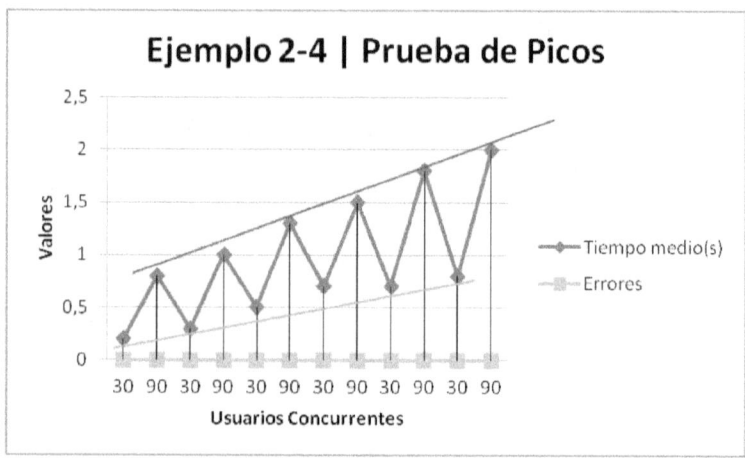

Pruebas de capacidad

En todas las pruebas anteriores las medidas que se usan (más adelante hablaremos de ellas) son medidas externas. Sin embargo, en las pruebas de capacidad la gran diferencia es el tipo de parámetro que se mide: consumo de CPU, memoria, ...

En una prueba de capacidad se puede simular el uso del sistema de varias formas: como en una prueba de carga (usuarios estimados), como en una prueba de resistencia (usuarios estimados y tiempo) o como en una prueba de stress (crecimiento de usuarios hasta agotamiento de capacidad).

El objetivo, en todos los casos, es medir cómo afecta un determinado número de usuarios a los valores de capacidad del sistema de información.

↘ **EJEMPLO 2-5**

Resultado de una prueba de capacidad para un número de usuarios creciente (2GB de disco por usuario). El sistema muestra un comportamiento adecuado hasta 80 usuarios concurrentes. El límite de capacidad está en 160 usuarios concurrentes.

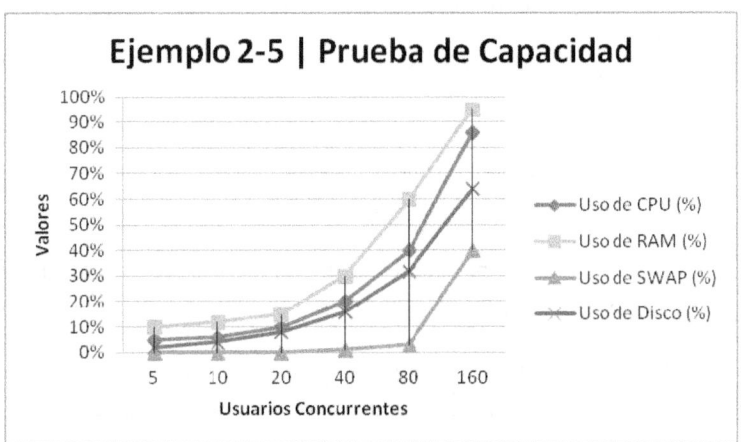

2.2 | Perspectiva de evaluación

A la hora de realizar una prueba de rendimiento, da igual de cuál de todos los tipos que hemos comentado con anterioridad hagamos, siempre aparece la duda sobre lo que se conoce como *perspectiva de evaluación* y que traducido a palabras mucho más sencilla significa: ¿desde dónde generar las peticiones de la prueba y qué visión me va a dar esa, llamémosla, ubicación?

A continuación vamos a ver las 4 ubicaciones más comunes para la ejecución de una prueba de rendimiento, agrupadas dos a dos en función de su finalidad.

Perspectivas de análisis interno

Las perspectivas para análisis interno agrupan aquellas ubicaciones que dejan fuera de la ecuación la perspectiva del usuario y la visión externa de la red.

Su principal ventaja es el significativo ahorro de costes y la relativa sencillez de las mismas. Obviamente, su principal desventaja es que, por muy precisos que seamos en la evaluación del rendimiento, éste siempre será, en el mejor de los casos, evaluado desde nuestra propia red interna.

Análisis desde el propio sistema

Esta es la forma más básica de análisis. Consiste, como su propio nombre indica, en realizar las pruebas de rendimiento desde el mismo sistema que queremos evaluar.

Las ventaja principal es la sencillez. No necesitamos equipo adicional, no congestionamos la red, no ...

Las desventajas también existen. La primera tiene que ver con la precisión de la prueba, sobre todo en pruebas de alta carga, ya que nuestra propia actividad de evaluación genera carga sobre el sistema. La segunda es el hecho de no evaluar el rendimiento de la red. La tercera es la cantidad de carga que podemos generar usando un único sistema y que puede ser insuficiente para según qué tipo de pruebas.

Este método puede ser recomendable para la realización de pruebas básicas de carga en el entorno de preproducción. Por contra es desaconsejado para la realización de otro tipo de pruebas.

Análisis desde la red interna

Esta es la forma más común de análisis en pruebas realizadas "en casa". Consiste, como su propio nombre indica, en realizar las pruebas de rendimiento desde uno o varios sistemas de la propia red en la que se encuentra el sistema a evaluar.

Sus principales ventajas son el solucionar gran parte de las deficiencias la ejecución de la prueba desde el propio sistema (medida poco precisa, cantidad de carga, carga de red) además de poderse aplicar a cualquiera de los tipos de pruebas que existen: carga, stress, picos, resistencia, capacidad, ...

El único inconveniente es que, como no puede ser de otra forma, no se tiene en cuenta el rendimiento del sistema desde la red externa, quedando sin evaluar algunas situaciones (problemas de peering, enrutamiento, ...) que pueden afectar al rendimiento del sistema cuando se usa desde el exterior.

Este método es el más adecuado para la realización de cualquier prueba donde no se quiera tener en cuenta la visión del usuario externo.

Perspectivas de análisis externo

Las perspectivas para análisis externo agrupan aquellas ubicaciones que intentan evaluar el rendimiento desde la perspectiva del usuario y aportar una visión externa del rendimiento.

Su principal ventaja que aportan una visión más precisa de cómo un usuario final que opera desde fuera de nuestra red interna percibe el rendimiento del sistema de información. Sus principales desventajas son, por un lado el coste, y por otro la complejidad en la ejecución de la prueba.

Análisis desde la nube

Esta es la forma más común de análisis en pruebas realizadas desde el exterior, sobre todo la realizadas por terceros. Consiste en realizar las pruebas de rendimiento desde uno o varios sistemas ubicados en un proveedor externo de red.

La principal ventaja es que, dentro de la complejidad de este tipo de pruebas externas, es la menos compleja, obteniendo un resultado similar al ejecutado desde red interna pero incluyendo en la ecuación el análisis externo del rendimiento.

Su desventaja más significativa, respecto al análisis interno, es el coste, no sólo de alquiler de equipos, sino también de adecuación de esos equipos (p.ej. instalación y configuración de herramientas) para que sean útiles como entorno de pruebas. No obstante, las arquitecturas cloud, con el cobro por uso puntual y la posibilidad de importar máquinas virtuales limitan las desventajas.

Este método es el más adecuado para la realización de cualquier prueba donde se quiera tener en cuenta la visión del usuario externo (parcial) y el rendimiento externo de la red.

Análisis desde la perspectiva del usuario

Esta es una forma poco común de análisis, limitada únicamente a grandes pruebas de rendimiento donde la visión del usuario es fundamental y donde además el enfoque del servicio es global; con usuarios heterogéneos y ubicaciones de red dispersas.

Este tipo de evaluación consiste en realizar las pruebas de rendimiento desde múltiples ubicaciones y sistemas que simulen, de la forma más precisa posible, los distintos perfiles de usuario del sistema y sus condiciones de acceso.

La principal ventaja es la capacidad de la prueba para reproducir, hasta el límite que imponga nuestro bolsillo e imaginación, la realidad del acceso de usuarios a un aplicativo de uso global.

Su desventajas son, en consonancia, el coste, la complejidad, la dificultad, los recursos, el tiempo ...

Este método sólo es recomendable para casos muy puntuales donde se determina que los otros métodos son insuficientes.

Una visión conjunta: las pruebas de capacidad

Hay una situación un tanto particular que se da cuando lo que queremos medir es la capacidad del sistema de información (uso de CPU, memoria, disco, estado de un proceso, ...).

En este caso concreto, es obvio que no nos vale sólo con la información que podríamos obtener desde el exterior del sistema evaluado (da igual que fuese desde la red local, desde la nube o desde múltiples puntos externos), sino que adicionalmente necesitamos la visión desde el propio sistema.

No obstante, en esta situación, lo más correcto es generar las peticiones desde el exterior del sistema. Y desde el interior, únicamente, medir el impacto que estamos generando en aquellos parámetros que deseamos controlar. Este impacto se puede medir en los logs, en la información estadística del sistema o mediante un sistema de monitorización.

¿Por qué hacerlo así? Básicamente para limitar el impacto que causaría generar las peticiones desde el propio sistema.

Tabla resumen

Para finalizar este apartado vamos a ver una tabla resumen de las distintas ubicaciones, sus principales ventajas, inconvenientes y su uso recomendado.

Ubicación	Ventajas	Inconvenientes	Recomendado
sistema	Sencillez	falta de precisión	preproducción
red interna	versátil, buena precisión, rcp	no visión externa	uso común
nube	versátil, buena precisión, visión externa	coste y tiempo	visión externa
usuario	excelencia / precisión	complejo, coste, tiempo	casos puntuales

TABLA 2-1

2.3 | Medidas y Métricas

Hasta ahora hemos visto tipos de pruebas y también perspectivas de ejecución de las pruebas, y aunque hemos nombrado algunas medidas y algunas métricas, e incluso hemos pintado gráficos en las que se pueden ver reflejadas, hemos pasado un poco por encima de ellas.

No tiene sentido retrasarlo mucho más, así que en este apartado vamos a hablar de qué parámetros, medidas y métricas, son los que comúnmente nos sirven para evaluar una prueba de rendimiento.

Medidas vs. Métricas

Muchas veces usamos ambas palabras de forma indistinta, solapamos sus significados sin darnos mucha cuenta de ello, y termina resultando que una medida y una métrica son lo mismo. Sin embargo, no lo son.

Una medida, del inglés *measure*, consiste en la obtención de un parámetro concreto y cuantitativo.

> **EJEMPLO 2-6**
>
> Medidas son: *tiempo de respuesta*, *número de errores* o *uso de disco*.

Sin embargo, una métrica es el resultado de utilizar una o varias medidas, dotarlas de un contexto y evaluar su evolución, de tal forma que se pueda obtener información útil (valor) a partir de ellas.

> **EJEMPLO 2-7**
>
> Una métrica es: *Tiempo medio de respuesta por número de usuarios*. Métrica que se construye a partir de las medidas *tiempo de respuesta* y *número de usuarios*.

↘ EJEMPLO 2-8

El siguiente gráfico muestra la diferencia entre una métrica y una medida. La métrica "tiempo medio de respuesta según número de usuarios concurrentes" refleja el valor compuesto por la media de todos los tiempos de respuesta obtenidos durante la prueba según el número de usuarios. Mientras que número de errores es sólo una medida.

La información útil que aporta la métrica es superior a la que aporta la medida y es más difícil de distorsionar. Una medida como *errores* puede distorsionarse rápidamente con que, por un motivo cualquiera, un sólo usuario sufra un problema.

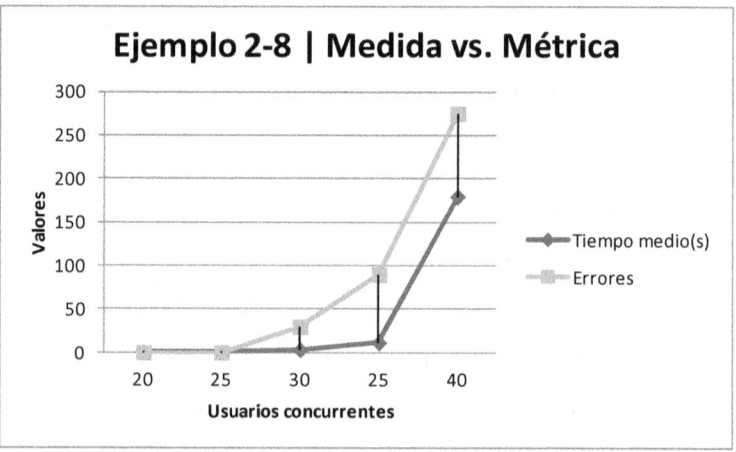

Medidas externas

Este conjunto de medidas son aquellas que podemos obtener, como su propio nombre indica, desde el exterior del sistema evaluado.

Las más importantes son:

- **Tiempo de respuesta (ms):** Número de milisegundos que el sistema tarda en contestar una petición.

- **Errores (n o %):** Número de errores que obtengo al realizar un número determinado de peticiones al sistema.

- **Usuarios y peticiones (n):** Número de usuarios realizando un número total de peticiones. Fundamental para el cálculo de rendimiento.

Existen otras, secundarias como son:

- **Latencia de red (ms):** Número de milisegundos que el sistema tarda en recibir y devolver la información.

- **Tiempo de procesamiento (ms):** Número de milisegundos que el sistema pasa procesando la información. Aprox. *Tiempo de respuesta - Latencia*.

Medidas internas

Este conjunto de medidas son aquellas que para obtenerlas, necesitamos extraer información del sistema evaluado, siendo imposible acceder a ellas desde el exterior.

Las medidas internas está relacionadas con las pruebas de capacidad y existen tantas, y tan variadas, como elementos contenga el sistema de información a evaluar. Las más comunes son las siguientes:

- **Uso de recursos del sistema (CPU, memoria, disco, ...):** Cantidad de un determinado recurso consumida globalmente por el sistema durante la prueba de capacidad.

- **Uso de recursos de un determinado proceso (CPU, memoria, disco, sockets abiertos, ...):** Cantidad de un determinado recurso consumida por un proceso concreto.

- **Información contenida en logs:** Información que el sistema, o un determinado proceso, registran en ficheros de logs.

- **Información del sistema de monitorización:** Conjunto de parámetros del sistema o de los procesos controlados automáticamente por el sistema de monitorización y que permiten medir el uso de recursos internos de un sistema.

❖ **OBSERVACIÓN 2-1. Medida vs. Perspectiva.**

Es importante distinguir entre *medidas* y *perspectivas de evaluación*. La *perspectiva de evaluación* indica el lugar desde el que se generan las peticiones (sistema, red, nube, ...). Mientras que la *medida,* bien sea *externa* o *interna,* indica en base a qué obtenemos la información.

Muy importante que tengamos claro que una perspectiva de evaluación desde red (o desde la nube) puede contener medidas internas.

Construyendo métricas

La construcción de métricas útiles es una tarea básica de la fase de planificación y diseño de una prueba de rendimiento. Se pueden construir métricas tan sencillas como usar una medida (recordemos el ejemplo de *errores*) o tan complicadas como nuestra imaginación nos lo permita.

Sin embargo, el objetivo de una métrica no es ser ni sencilla, ni complicada, sino facilitarnos una información que nos sea relevante. No obstante, cuanta más información queramos que contenga una métrica, más medidas necesitará y, a la vez, más globalizará el resultado.

Si nos contentamos con una métrica que sea *tiempo medio de respuesta por sistema* podremos construir la métrica con la información que recogemos de un único sistema. En cambio, si queremos una métrica que sea *tiempo medio de respuesta de los servicios web públicos* necesitaremos realizar pruebas de rendimiento, equivalentes, en todos los sistemas implicados y luego obtener la métrica.

Las métricas más usuales son las medias, las medianas y las variaciones sobre un conjunto de medidas, internas o externas, sobre las que se realiza un determinado filtro o agrupación. De tal forma podríamos tener las siguientes métricas iniciales más comunes:

- Número de peticiones atendidas por unidad de tiempo (n/t)
- Tiempo medio de respuesta (ms)
- Mediana del tiempo de respuesta (ms)
- Variación media del tiempo respuesta (ms)
- Número medio de errores (n)
- Mediana del número de errores (n)
- Variación media del número de errores (n)
- Uso medio de recursos de sistema (CPU, memoria, ...)
- Mediana del uso de recursos de sistema (CPU, memoria, ...)
- Variación media del uso de recursos de sistema (CPU, memoria, ...)
- ...

Sobre estas métricas iniciales se establecen una serie de filtros o agrupaciones; los más usuales son los siguientes:

- **Por sistema:** El filtro más inmediato y sencillo es agrupar los datos por sistema evaluado.

- **Por número de usuarios:** El segundo filtro más común es agrupar los datos en función de número de usuarios que se han utilizado en la prueba de rendimiento.

- **Por fechas y horas:** Esta agrupación requiere repetir las mismas pruebas en distintas horas (o días).

- **Por servicio:** Esta agrupación requiere realizar las mismas pruebas para todos los elementos frontales de un servicio.

Y así podríamos seguir durante páginas y páginas, mientras nuestra imaginación lo permitiese... pero no parece que sea necesario.

2.4 | Evaluación de arquitecturas multicapa

La evolución hacia sistemas cuya interacción con el usuario es "100% web" avanza imparable, con pequeñas excepciones como el correo electrónico. Esto hace que las arquitecturas IT, y la forma de evaluarlas, se adecúen a esa realidad. El diagrama de la **[Figura 2.1]** intenta mostrar el aspecto de un sistema IT actual de cara a sus usuarios.

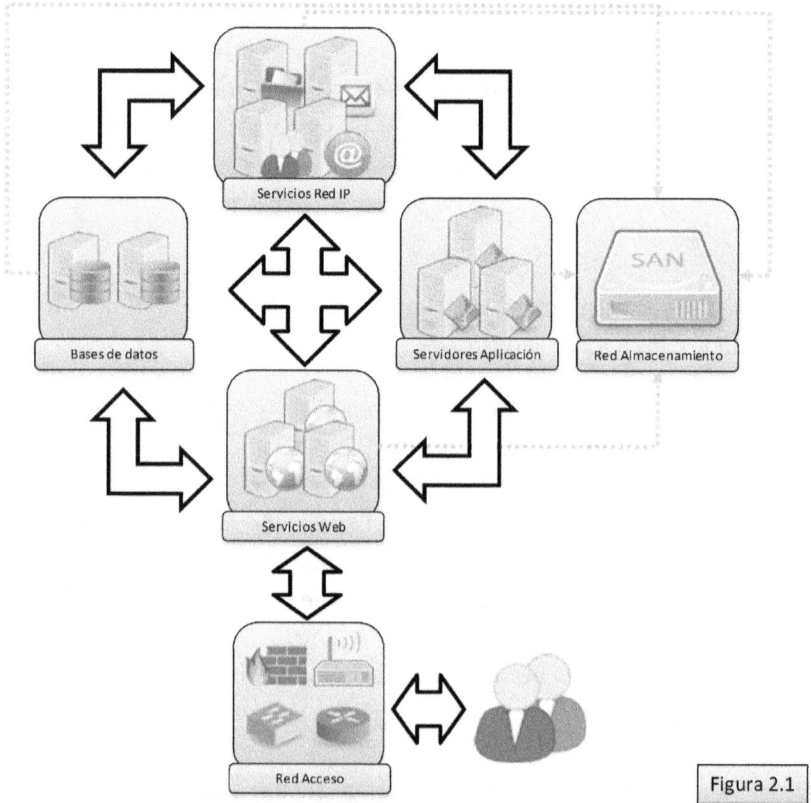

Figura 2.1

A efectos de evaluación de rendimiento, podemos ver que en los frontales web se concentra el grueso del tráfico proveniente del usuario, canalizado a través de la red de acceso, y cómo se reparte por el sistema de información: servidores de aplicación, bases de datos, otros servicios IP (correo electrónico, autenticación, firma digital, servidores de ficheros, ...); así como, en caso de existir, a la red de almacenamiento.

Este tipo de arquitectura hace que, a día de hoy, un número muy elevado de las evaluaciones de rendimiento se realice exclusivamente sobre servicios y aplicativos web, y a partir de ellos se evalúe la totalidad del rendimiento del sistema:

- **Rendimiento de red:** Entendido como la adecuación de la red al volumen de peticiones generadas en la evaluación. Las técnicas más comunes son la comparación entre la latencia y el tiempo de procesamiento, así como las medidas de capacidad de los elementos de red.

- **Rendimiento de servicio web:** Evaluados directamente a partir del tráfico enviado a ellos por los scripts de evaluación.

- **Rendimiento de elementos interconectados a los servicios web:** El rendimiento de bases de datos, servidores de aplicación o de servicios de red IP, se mide en este caso en base a la peticiones en cascada que se generan a partir de las realizadas al servicio web.

No obstante, aunque es cierto que la arquitectura multicapa nos permite este tipo de evaluación, no podemos dejar de atender a las dos observaciones que haremos a continuación; dado que condicionan por completo los resultados que obtendremos.

❖ **OBSERVACIÓN 2-2. Medidas globales vs. específicas.**

Al evaluar una arquitectura multicapa podemos optar por una medida global de rendimiento o no hacerlo.

Un ejemplo de medida global es el *tiempo de respuesta a una petición*. Una única medida que engloba el rendimiento de todo el sistema de información.

Sin embargo, esta medida puede ser insuficiente. En ese caso se debe optar por evaluar el rendimiento de los elementos que interactúan para atender al usuario.

La forma más frecuente y usual de evaluar el rendimiento es mediante el uso de medidas de capacidad (CPU, memoria, procesos, ...) para cada elemento que interconecta con el servicio web sobre el que se ejecuta la prueba; para ello es muy útil disponer de monitorización en los sistemas evaluados.

Los resultados de ambas opciones, es obvio, son distintos. En la primera opción tendremos un único valor que daremos por bueno, o no, en función del contexto. En la segunda opción vamos a ser capaces de discernir qué elementos puntuales son los que están impactando negativamente en el rendimiento.

❖ **OBSERVACIÓN 2-3. Evaluación de arquitecturas complejas.**

Esta observación es <u>fundamental</u> en la evaluación de arquitecturas complejas. Al evaluar una arquitectura de cierta envergadura, sería muy extraño disponer de elementos independientes para cada uno de los servicios web que la componen. Lo habitual es que bastantes elementos sean compartidos entre distintos servicios web.

En estos casos, evaluar un único servicio web, obvia o sesga el impacto en el rendimiento del resto de servicios web que comparten arquitectura; teniendo una utilidad limitada a la detección de errores en el propio servicio evaluado (gestión incorrecta de conexiones (bbdd, ldap,...), condiciones de carrera, liberación incorrecta de recursos, ...)

Este sesgo se magnifica en elementos que atienden a todos los servicios del sistema de información: correo electrónico, servicio LDAP, ...

Ganando precisión en la evaluación de arquitecturas multicapa

Cuando nos encontramos una arquitectura multicapa que se corresponde 1:1 con un servicio, es decir, cuando la red de acceso, los servidores web, de aplicación, de bases de datos y cualesquiera otros, únicamente atienden a un servicio, la evaluación a través del frontal web tiene una precisión suficiente y adecuada.

Sin embargo, como hemos visto en la **Observación 2-3**, en el momento que la relación deja de ser 1:1 y pasa a ser N:1, varios servicios comparten una infraestructura común, surgen problemas de precisión a la hora de evaluar el rendimiento.

Por tanto, vamos a ver qué posibilidades tenemos para afinar la evaluación del rendimiento.

Análisis de servicios web con dependencias comunes

Esta aproximación es útil para casos en los que el número de servicios web que comparten arquitectura no es muy elevado. La idea es sencilla: extender el análisis de rendimiento a todos los servicios web que comparten la arquitectura multicapa.

La principal ventaja de esta aproximación es la homogeneidad de la prueba, puesto que toda ella se realizará haciendo uso de las mismas herramientas y del mismo protocolo de comunicación (HTTP/HTTPS).

El inconveniente se produce en redes con gran cantidad de servicios web y una infraestructura compartida.

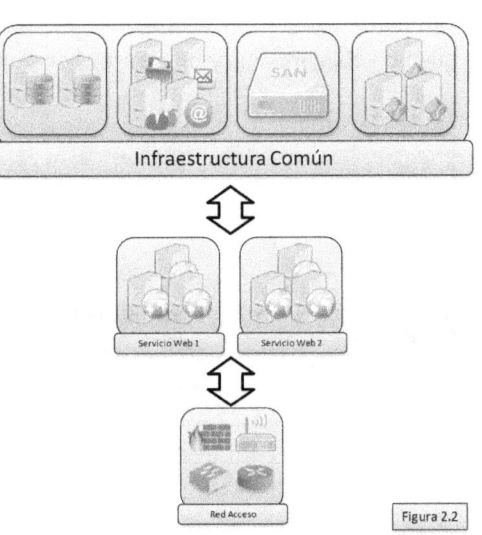

Figura 2.2

Análisis de infraestructura compartida no web

La segunda forma de ganar precisión en la evaluación de arquitecturas multicapa es adecuada para aquellos casos en la que la evaluación de servicios web implicaría analizar un gran número de ellos (o todos), haciendo inútil la aproximación anterior o para aquellos servicios no web masivos (p.ej. correo electrónico).

Servidores Aplicación

Servidores Bases Datos

Otros servicios IP

En esta alternativa, debemos evaluar, independientemente, cada uno de los elementos de la infraestructura compartida, valorando el rendimiento de cada uno de ellos y obteniendo como medidas de todo el sistema las peores de los elementos comunes.

El principal problema es la pérdida de homogeneidad: cada elemento hablará un protocolo distinto (HTTP, SQL, SMTP, POP, CIFS, ...) que nos obligará a usar diferentes herramientas.

Tabla Resumen

Para finalizar adjuntamos una tabla resumen que recoge las distintas posibilidades de análisis y las recomendaciones de uso de las mismas.

Análisis	Óptimo	Adecuada	Problema
Web Único	Eval. 1:1	Detección Errores	Eval. N:1
Web Común	Eval. N:1; N<=3	Eval. N:1; N>3	Número de servicios
No Web	Eval. N:1; N>3	Eval. N:1; N<=3	Protocolos

TABLA 2-2

2.5 | Análisis comparativo: perfiles "base".

Un "perfil base", en inglés *baseline*, por muy rimbombante que nos pueda sonar el nombre, no es más que un tipo de métrica muy particular, y relativamente sencilla, que sirve para realizar análisis comparativo del rendimiento

Empecemos por el principio. Cuando hacemos una única prueba de rendimiento, o una primera prueba, nuestros criterios de aceptación o rechazo del rendimiento se van a basar en lo siguiente:

- **Caso de métricas externas:** Las aceptaremos en base a criterios cualitativos de calidad de servicio. P.ej: Creemos aceptable que un servicio web tenga un tiempo medio de respuesta de 500ms.

- **Caso de métricas internas:** Las aceptaremos en base a criterios cuantitativos límite. P.ej. Aceptaremos que se consuma hasta el 85% de un determinado recurso: memoria, disco, CPU...

Sin embargo, una vez que hemos aceptado, en base a las métricas que hemos obtenido, la prueba de rendimiento, hemos creado (quizá sin pretenderlo) lo que se conoce como un "perfil base".

Es decir, tenemos un marco de referencia de métricas de rendimiento (tiempo de respuesta, errores, usuarios concurrentes, capacidad, ...) que podemos utilizar para realizar análisis comparativo.

Un "perfil base" es por tanto una métrica que se compone de todas las métricas que han formado la prueba de rendimiento realizada y que tiene la característica de ser *estática* en el tiempo. Es decir, los valores del "perfil base" son siempre los mismos hasta que se decida su actualización.

"Perfiles Base": Ciclo de Vida

En la [Figura 2.3] podemos ver cuál es el ciclo de vida de un "Perfil Base".

- **Prueba de Rendimiento Inicial:** Prueba de rendimiento que se realiza sin que exista ningún "perfil base" sobre el que realizar análisis comparativo.

- **Aceptación de Métricas:** Conjunto de criterios cualitativos y cuantitativos que aplicamos a una prueba de rendimiento inicial para determinar si es aceptada.

- **Obtención del Perfil Base:** Conjunto de métricas que han resultado aceptadas en la prueba de rendimiento inicial.

- **Análisis Comparativo:** Comparación de valores obtenidos en una nueva prueba de rendimiento con los del "perfil base".

- **Actualización del Perfil:** Actualización de los valores usados como métricas en el "perfil base".

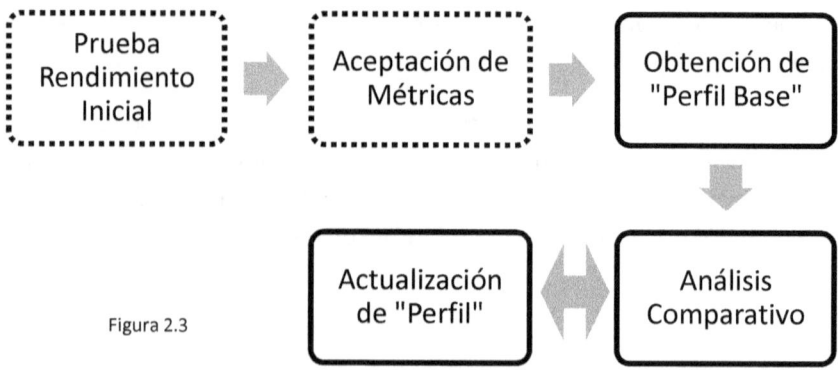

Figura 2.3

Análisis comparativo: El error más común.

El análisis consiste en algo que, a priori, parece sencillo: comparar un "perfil base" creado sobre un conjunto de elementos N1 en un momento del tiempo T1, con las mismas métricas extraídas en un momento del tiempo T2 sobre un conjunto de elementos N2.

Sin embargo, hay algo que es fundamental para que todo esto sirva de algo: los elementos de N1 y N2 únicamente pueden diferir en aquellos sobre los que queremos obtener comparación.

Es decir, si estamos haciendo una prueba de rendimiento de un aplicativo web W1, sobre el que teníamos un "perfil base" para su versión 2014.01 y queremos comparar el rendimiento con la nueva versión 2014.02; debemos garantizar que el resto de elementos son los mismos: servidor web, servidor de aplicación, servidor de bases de datos, etc. La correspondencia también se aplica en sentido contrario, si queremos ver cómo los cambios en la infraestructura IT afectan al rendimiento del aplicativo web, debemos hacerlo sobre la misma versión del servicio.

En el momento que uno de estos elementos haya cambiado, el análisis comparativo perderá precisión. ¿Cuánta? Pues depende lo significativos que sean los cambios. Si, por ejemplo, el cambio es que hemos pasado de la versión de Apache 2.2.24 a 2.2.25, puede ser que "despreciable". En cambio, si el cambio consiste en pasar de la versión 2.2 de Apache, a la versión 2.4 el cambio puede ser bastante significativo, y por tanto el "perfil base" no tener ningún valor.

Casos de utilidad de "perfiles base"

Una vez que sabemos qué son, vamos a ver para qué podemos usarlos realmente.

- **Comparar versiones del mismo servicio:** Si hemos creado un "perfil base" para un servicio, podemos comparar (mientras lo evaluemos en la misma infraestructura) diferentes versiones del mismo servicio y si el rendimiento mejora o empeora.

- **Comparar el rendimiento de cambios en la infraestructura IT:** Si hemos creado un "perfil base" para un servicio, podemos comparar (mientras evaluemos la misma versión del servicio) diferentes cambios en la infraestructura: nuevas versiones de base de datos, nuevas versiones de servidor de aplicación, nuevos productos sustitutivos, ...

- **Comparar entre múltiples servicios:** Un "perfil base" no tiene porqué ser usado siempre sobre el mismo servicio. Ni tampoco provenir de un único servicio. Si tenemos un servicio S1 y conjunto de servicios S2,S3... independientes[2]; podemos usar el mismo "perfil base" siempre que queramos que todos servicios homogenicen su rendimiento. Es más, el "perfil base" puede provenir de la primera prueba de rendimiento realizada a S1; o de la unión de varias de ellas.

❖ **OBSERVACIÓN 2-4. Perfiles base demasiado genéricos.**

Un error en el que se puede caer a la hora de construir y utilizar perfiles base es en hacerlos excesivamente "genéricos" de tal forma que al final no signifiquen nada.

No hay nada de erróneo en usar un perfil base para varios servicios que, de manera lógica, deben tener un rendimiento similar. Sin embargo, a poco que tengamos un sistema complejo, no tiene ningún sentido intentar aplicar un único "perfil base" a todo el sistema de información. ¿Cuánto generalizar? Hay que aplicar el sentido común.

---

[2] Ver Observación 2-3. La problemática que encontraremos en arquitecturas compartidas será la misma.

↘ **EJEMPLO 2-9**

A continuación, vamos a ver el uso de un "perfil base" muy sencillo, sólo incluye el tiempo medio de respuesta, para valorar el rendimiento de la evolución de un aplicativo web entre sus diferentes versiones.

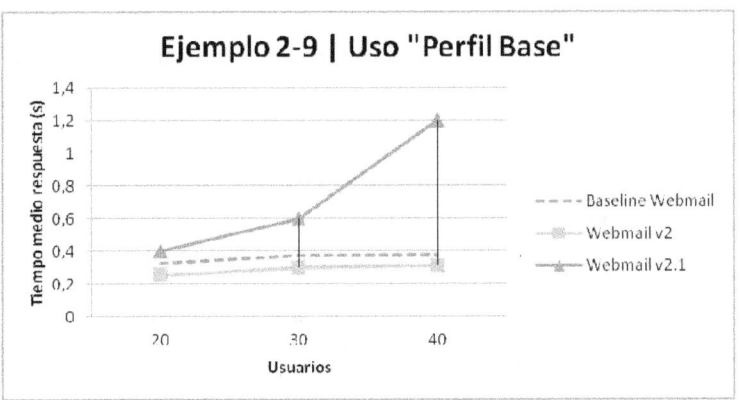

Actualizar el "perfil base"

Este es el último punto del ciclo de vida de un "perfil base": su actualización.

Puesto que aunque un perfil base tiene un valor "estático" en el tiempo, llega un momento donde ese valor no significa absolutamente nada debido a que la evolución del sistema, o del aplicativo.

Por tanto, la actualización del "perfil base" es la decisión, podemos decir estratégica, de "sustituir" el valor de las métricas que lo componen cuando estimamos que nuevos valores se adecúan mejor a la realidad.

2.6 | Usuarios: globales, del servicio, por mes/día/hora, activos vs. simultáneos vs. concurrentes...

Como último punto de este capítulo, ya bastante extenso, vamos a tratar el aspecto del número de usuarios. Al hablar de usuarios, pasa algo similar como con los *tipos de pruebas* y tendemos a mezclar conceptos. Por eso vamos a intentar aclarar los tipos de usuarios que principalmente encontramos cuando hacemos una prueba de rendimiento y su papel en ellas.

Usuarios globales

El primer tipo de usuario son los usuarios *globales*, es decir, el número de usuarios de nuestro sistema de información.

Sin embargo, a efectos de ejecutar pruebas de rendimiento, al menos en este libro, siempre vamos a hablar a nivel de servicios y de usuarios del servicio, por lo que podemos olvidarnos de ellos. En todo caso, si sólo tenemos un servicio, o si hablamos de un servicio usado por todos los usuarios, ambas cifras coincidirán. En caso contrario, no.

Usuarios del servicio

Como su nombre indica es el número total de usuarios de un servicio. Este tipo de usuario, de cara a una prueba de rendimiento tiene especial significancia para valoración de medidas de capacidad de persistentes: *quotas* de disco, buzones de correo, tablas de base de datos, etc.

Sin embargo, su importancia, es escasa en la valoración del resto de medidas que no presentan persistencia en el sistema cuando no existe actividad: uso de CPU, memoria, red, tiempo de respuesta, etc. Para las que usaremos *usuarios por mes/día/hora*.

¿Cómo obtener su número?

Los usuarios del servicio nos interesan cuando hay persistencia de información en el sistema. Esta persistencia, por fortuna para simplicidad de nuestros cálculos, en la amplia mayoría de los casos va a estar ligada a usuarios registrados. Por tanto, en la amplia mayoría de los servicios, a nuestros efectos, el dato que queremos conocer son los usuarios registrados.

En el caso de tratarse de un servicio público con persistencia de información (p.ej. administración electrónica a ciudadanos, almacenaje de ficheros anónimo, ...) deberemos usar como usuarios del servicio una estimación a partir de los usuarios mensuales.

Usuarios por mes/día/hora

Esta triada de valores, obtenidos generalmente unos a partir de otros, es la que nos servirá, como veremos en el capítulo 4, para establecer nuestras estimaciones de número de usuarios concurrentes que necesitamos simular en nuestras pruebas de rendimiento.

¿Cómo obtener su número?

Para esta labor necesitaremos bien procesar los logs por nosotros mismos. Bien un generador de estadísticas a partir de logs (p.ej. *AWStats*) que nos muestre una información similar a la siguiente.

Mes	Número de visitas	Páginas	Solicitudes
Ene 2014	1,120	4,517	25,078
Feb 2014	1,222	5,119	26,833
Mar 2014	1,610	5,107	27,152
Abr 2014	1,452	5,540	20,400

TABLA 2-3

Usuarios activos vs. simultáneos vs. concurrentes

Este es posiblemente uno de los conceptos que más malos entendidos causa a la hora de realizar pruebas de rendimiento. Vamos a intentar aclararlo.

Un usuario *activo* es aquel que tiene una sesión abierta en el servicio, independientemente de que tenga actividad o no la tenga en ese momento. Cada una de estas sesiones, podemos presuponer que se corresponde con una visita.

Los usuarios *simultáneos* son aquellos que, en el mismo momento del tiempo, están generando actividad en el servicio realizando una acción cualquiera. Debemos pensar que difícilmente en servicios interactivos vamos a tener ratios 1:1, es decir, difícilmente por cada usuario *activo* vamos a tener un usuario *simultáneo*.

Por último, los usuarios *concurrentes* son aquellos que, exactamente en el mismo momento del tiempo, están realizando exactamente la misma acción en el servicio. Nuevamente tendremos que el ratio usuario *simultáneo* respecto *concurrente* muy extrañamente va a ser 1:1. De hecho, salvo que se trate de una prueba de rendimiento, es muy improbable que suceda.

En el capítulo 4, dedicado a la planificación de las pruebas de rendimiento, profundizaremos más en este concepto, y analizaremos con exactitud qué es lo que nos interesa simular en nuestras pruebas y cuál es la mejor forma de simularlo.

↘ EJEMPLO 2-10

En la siguiente tabla podemos ver una simulación de tráfico en un servicio, que muestra las diferencias entre *usuarios activos (8)*, *simultáneos (2)* y *concurrentes (2)*.

SESS\MSEC	10ms	20ms	30ms	40ms	50ms	60ms	70ms	80ms	90ms
Sesión 1	Login				Perfil				Salir
Sesión 2		Login		Perfil			Buscar		
Sesión 3				Ver		Buscar		Salir	
Sesión 4			Ver						
Sesión 5			Buscar				Ver		
Sesión 6		Perfil					Buscar	Ver	
Sesión 7									
Sesión 8	Perfil					Buscar			Ver

TABLA 2-4

Para terminar vamos a generar un *gráfico*, a partir de la [Tabla 2.4], que ilustra la posible transmisión de información y las diferencias entre activo y simultáneo.

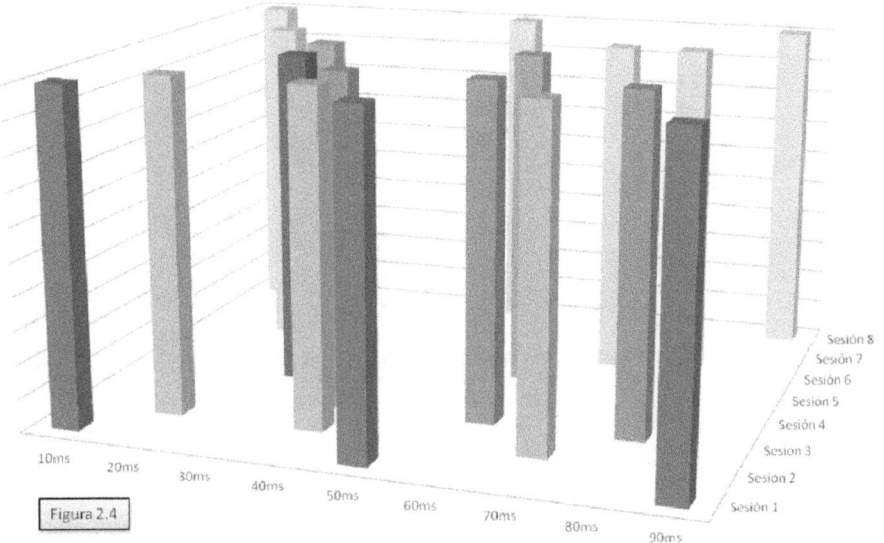

Figura 2.4

HERRAMIENTAS | 3

Un capítulo más, y si en el número dos hemos entrado en materia, en este número tres toca arremangarse para, definitivamente, meternos en faena. Hablar de herramientas, una vez que más o menos hemos empezado a entender de qué va esto de hacer pruebas de rendimiento, es necesario para que conozcamos qué hay a nuestra disposición para hacerlas. Y sin embargo, es algo que prácticamente todos los libros dedicados a esta materia evitan.

¿Por qué? La excusa suele ser *porque las herramientas cambian,* o porque *cada uno ejecuta la tarea con la que más cómodo se siente,* o porque *lo importante es tener claros los conceptos.* A este paso alguien dirá que ha sido *porque el perro se comió esas páginas.*

El hecho es que da igual por qué el resto de libros no tengan un capítulo dedicado a este tema, salvo aquellos libros que específicamente se centran en una única herramienta. Pero con nuestro objetivo en mente, escribir este capítulo es fundamental para que alguien que nunca ha hecho una prueba de rendimiento tenga una idea general de por dónde van los tiros y qué funcionalidades tienen las herramientas. Si dentro de 10 años las herramientas han cambiado, ya veremos si hacemos una versión 2.0 de este libro o si dejamos que cada uno se espabile por su cuenta. Pero, de momento, vamos a preocuparnos del presente. Empecemos. ¿Qué veremos en este capítulo?

- ✓ **Rendimiento Web: las herramientas clásicas.** Apache Benchmark, HTTPerf y AutoBench. El trío básico de herramientas para hacer pruebas simples a arquitecturas HTTP y HTTPS. En uso desde hace más de una década, y con capacidad para ayudarnos en determinados momentos.

✓ **Rendimiento No Web: herramientas específicas.** Como hemos visto que hay situaciones en las que deberemos realizar pruebas de rendimiento en servicios no web, analizaremos algunas herramientas específicamente diseñadas para servicios no web: correo electrónico, red, bases de datos ...

✓ **JMeter: La navaja suiza.** JMeter es la referencia *opensource* a la hora de ejecutar pruebas de rendimiento, con lo cual es una herramienta a la que debemos acostumbrarnos. Lo mismo sirve para una prueba de carga a un servicio HTTP, que para una prueba de stress a un servidor LDAP. Permite un cómodo diseño de la prueba desde un entorno GUI, y además la simulación de situaciones cercanas a las reales mediante captura de sesiones de navegación reales con un proxy incorporado, dispersión de eventos con temporizadores, inclusión de lógica en la prueba...

✓ **Frameworks: scripting para gente elegante.** Antes de la existencia de soluciones como JMeter, para la realización de pruebas relativamente complicadas no era ninguna locura programarse mediante algún lenguaje de scripting (p.ej. perl) algunas pruebas de rendimiento "ex-profeso". Los frameworks son herederos de aquella idea y nos ofrecen APIs con multitud de funciones que mediante el uso de lenguajes modernos (clojure, phyton, groovy, ...) permiten realizar pruebas de rendimiento totalmente customizadas a nuestras necesidades.

3.1 | Rendimiento web: las herramientas clásicas

Tienen en común ser las herramientas básicas y elementales para medir rendimiento de servicios y aplicativos web. Sus señas de identidad son: interfaz en línea de comandos, funcionalidades espartanas y una curva de aprendizaje casi nula.

Conexiones vs. Sesiones

Antes de empezar a hablar de las herramientas propiamente dichas, vamos a tratar un aspecto importante que afecta a todas las herramientas de análisis de rendimiento web: la orientación a conexiones vs. la orientación a sesiones.

La orientación a conexiones fue la primera y por tanto más básica forma de evaluar el rendimiento. La idea no puede ser más sencilla: conecto, hago una petición y desconecto. Tantas veces como sea necesario hasta que llegue al número de peticiones que se me ha indicado.

La aproximación tiene dos pequeños problemas. El primero de ellos es que al solicitar una web ligera, que se procesa en unos pocos milisegundos, el tiempo de reconexión en cada petición va a penalizar de forma apreciable.

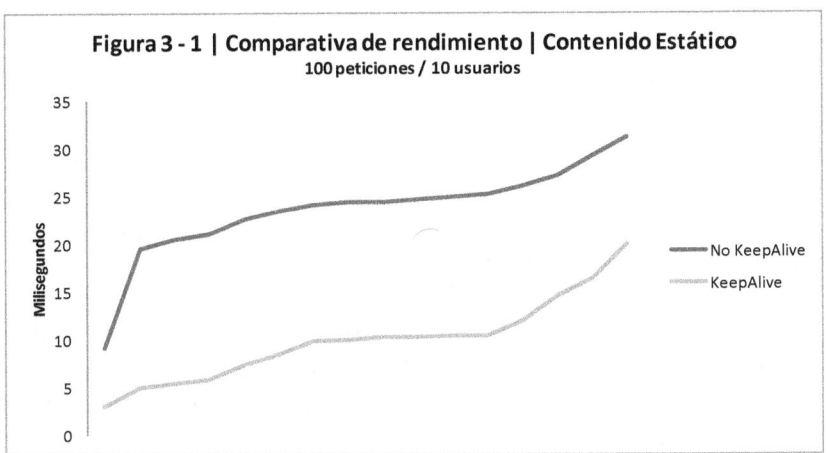

La **[figura 3-1]** nos muestra un ejemplo de prueba de rendimiento, realizada en red local, donde 10 usuarios realizan un total de 100 peticiones (10 por usuario) a un servicio web estático que sirve un documento de aproximadamente 1KByte. Podemos ver que la opción sin *Keep-Alive* ofrece un rendimiento significativamente peor.

No obstante, la **[figura 3-2]** nos muestra como en el momento que entra en juego un contenido dinámico, donde el tiempo de procesamiento tiene más importancia que el tiempo de transmisión, la situación deja de tener importancia.

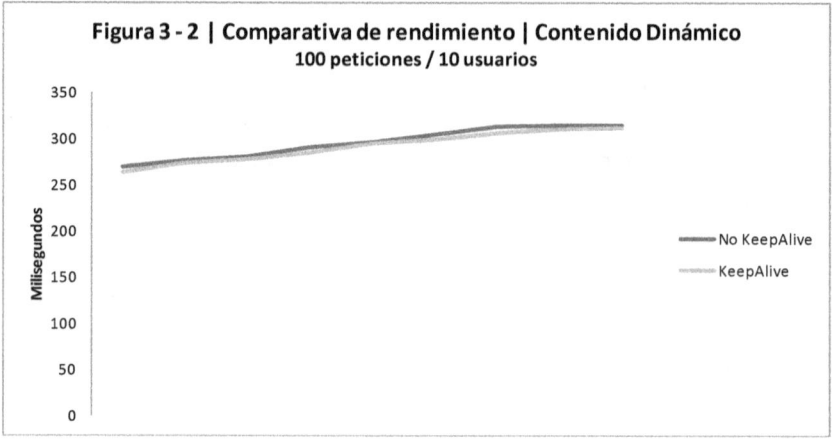

El segundo problema que presenta la orientación a conexiones es que nuestros usuarios no se comportan así. Un cliente y un servidor web modernos mantienen abierta la sesión TCP entre 5 y 15 segundos hasta el *timeout*. Lo que hace que un usuario haga toda su sesión de navegación por nuestro *site* con una unas pocas conexiones TCP. Con lo que la congestión a nivel de capa de transporte siempre va a ser menor.

Para solventar estos inconvenientes, las herramientas implementan, de forma más o menos acertada, modos de prueba *por sesión*, donde el conjunto de peticiones se integran en una misma conexión TCP haciendo uso del modo *Keep-Alive*.

Apache Benchmark

Apache Benchmark es la herramienta de medición de rendimiento que acompaña, por defecto, a las instalaciones de Apache.

```
$ ab -h
Usage: ab [options] [http[s]://]hostname[:port]/path
Options are:
    -n requests     Number of requests to perform
    -c concurrency  Number of multiple requests to make
    -t timelimit    Seconds to max. wait for responses
    -b windowsize   Size of TCP send/receive buffer, in bytes
    -p postfile     File containing data to POST. Also set -T
    -u putfile      File containing data to PUT. Also set -T
    -T content-type Content-type header for POSTing, eg.
                    'application/x-www-form-urlencoded'
                    Default is 'text/plain'
    -v verbosity    How much troubleshooting info to print
    -w              Print out results in HTML tables
    -i              Use HEAD instead of GET
    -x attributes   String to insert as table attributes
    -y attributes   String to insert as tr attributes
    -z attributes   String to insert as td or th attributes
    -C attribute    Add cookie, eg. 'Apache=1234. (repeatable)
    -H attribute    Add header line, eg. 'Accept-Encoding: gzip'
                    Inserted after all normal header lines. (repeatable)
    -A attribute    Add Basic WWW Authentication, the attributes
                    are a colon separated username and password.
    -P attribute    Add Basic Proxy Authentication, the attributes
                    are a colon separated username and password.
    -X proxy:port   Proxyserver and port number to use
    -V              Print version number and exit
    -k              Use HTTP KeepAlive feature
    -d              Do not show percentiles served table.
    -S              Do not show confidence estimators and warnings.
    -g filename     Output collected data to gnuplot format file.
    -e filename     Output CSV file with percentages served
    -r              Don't exit on socket receive errors.
    -h              Display usage information (this message)
    -Z ciphersuite  Specify SSL/TLS cipher suite (See openssl ciphers)
    -f protocol     Specify SSL/TLS protocol (SSL3, TLS1, or ALL)
```

TABLA 3-1

Sus opciones, aunque al principio puedan parecer muchas, en la práctica real se limitan fundamentalmente a los parámetros:

- **Peticiones [-n]**: Número total de peticiones que queremos realizar en la prueba.

- **Concurrencia [-c]**: Número de peticiones que queremos realizar *al mismo tiempo*.

- **Opción Keep-Alive [-k]:** Opción para mantener el canal de comunicación abierto entre petición y petición, reaprovechando el socket abierto mediante el uso de la cabecera HTTP *Keep-Alive*.

- **Guardar la salida [-g] o [-e]:** Guardar los resultados. Bien en formato gnuplot [-g], muy enfocado a dibujar gráficos. Bien en formato CSV [-e], para utilizarlo donde mejor nos venga.

Y nada más. El resto de opciones sirven principalmente para definir si queremos hacer algún otro tipo de petición que no sea GET. P.ej. POST [-p] o PUT [-u]; controlar opciones de SSL [-Z/-f]. Y por último en caso de que estemos en una aplicación autenticada, si queremos añadir alguna cabecera propia [-H] o una Cookie [-C].

De tal forma, una ejecución de Apache Benchmark donde queramos una prueba sobre el sistema *localhost* que realice *1000 peticiones*, con una concurrencia de *10 peticiones simultáneas sin cierre del canal* y salvando los datos a *csv*, sería algo como esto:

```
$ ab -c10 -n1000 -k -e prueba.localhost.c10.n1000.csv http://127.0.0.1/
```

Tabla 3-2

Una vez la hemos ejecutado, esperamos unos instantes hasta obtener el siguiente resultado.

```
Server Software:        Apache/2.2.22
Server Hostname:        127.0.0.1
Server Port:            80

Document Path:          /
Document Length:        2224 bytes

Concurrency Level:      10
```

```
Time taken for tests:   0.136 seconds
Complete requests:      1000
Failed requests:        0
Write errors:           0
Total transferred:      2503000 bytes
HTML transferred:       2224000 bytes
Requests per second:    7353.59 [#/sec] (mean)
Time per request:       1.360 [ms] (mean)
Time per request:       0.136 [ms] (mean, across all requests)
Transfer rate:          17974.64 [Kbytes/sec] received

Connection Times (ms)
              min  mean[+/-sd] median   max
Connect:        0    0   0.2      0       1
Processing:     0    1   0.6      1       9
Waiting:        0    1   0.5      1       5
Total:          1    1   0.6      1       9

Percentage of the requests served within a certain time (ms)
  50%    1
  66%    1
  75%    1
  80%    1
  90%    2
  95%    2
  98%    3
  99%    5
 100%    9 (longest request)
```

TABLA 3-3

La información que nos muestra al terminar es por un lado el tiempo en el que ha ejecutado la prueba, si han existido errores, una estimación media de las peticiones por segundo y del tiempo medio por petición (tanto por grupo de concurrencia, como por cada petición). Por otro, nos da una estimación de tiempos de respuesta donde podemos ver el tiempo de respuesta desde el 50% al 100% de las peticiones.

Y esto es, en esencia, todo lo que hace Apache Benchmark. ¿Es suficiente? A poco que pensemos, no creo que a nadie se le escape que Apache Benchmark tiene unas pocas deficiencias.

Algunas tan obvias como no permitir ejecutar pruebas sobre más de una URL; lo que al final te obliga a terminar escribiendo pequeños scripts para hacer pruebas más extensas.

Y otras que no se ven a simple vista, pero que en el momento que nos familiaricemos con la tarea de hacer pruebas de rendimiento las veremos muy claras. En este último grupo está el motivo esencial por el que la herramienta debe ser usada con cierta *cautela*.

Apache Benchmark no es una herramienta pensada para simular situaciones reales de pruebas de carga. Su objetivo más bien es ver *cómo de deprisa* somos capaces de hacer una determinada tarea. Con lo cual, cuando decimos *concurrencia 10* y *1000 peticiones*, lo que Apache Benchmark hace es ver *cómo de deprisa* es capaz de contestar el servidor a eso. De tal forma que conforme recibe una respuesta, hace otra petición, una y otra vez, sin parar, hasta que completa el número de peticiones seleccionado.

¿Problema de esto? No parece que sea una simulación *real*.

Si dibujásemos una tabla con la ejecución de Apache Benchmark que acabamos de hacer, y cada punto de la tabla fuese una petición, el resultado sería el siguiente.

HILO\MSEC	10ms	20ms	30ms	40ms	50ms	60ms	70ms	80ms	90ms	100ms
Hilo 1	....	....	....	....	....	....	....	....	....	....
Hilo 2	....	....	....	....	....	....	....	....	....	....
Hilo 3	....	....	....	....	....	....	....	....	....	....
..										
Hilo 10	....	....	....	....	....	....	....	....	....	....

TABLA 3-4

Resultado que no se parece en nada a lo que habíamos visto en el *ejemplo 2-10* sobre cómo funcionan los usuarios simultáneos de un sistema de información.

¿Entonces los resultados de Apache Benchmark no sirven de nada? Si lo que queremos es hacer un modelado preciso de una situación real de carga: no. No obstante, no por ello hay que despreciar el valor de la información que obtenemos.

Lo que Apache Benchmark nos está diciendo en esta prueba es que nuestro servidor web es capaz de atender, en como mucho *9ms*, a *10 usuarios* que realizasen cada uno *1.000 peticiones por segundo*.

¿Para qué nos sirve esto? En primer lugar, para saber que 10 usuarios concurrentes no parece que nos vayan a causar ningún problema y por tanto podemos ver que no tenemos errores que ante un determinado número de usuarios, y peticiones, simultáneos rompan el servicio. Sólo esto, ya es algo importante. Cuando una aplicación web realiza una tarea de forma incorrecta, o existe algún problema en la arquitectura IT que la sustenta, hacer una simple prueba con Apache Benchmark y unos cuantos usuarios concurrentes (p.ej. 16, 32 y 64) nos puede servir para detectar estos fallos.

Otro aspecto importante para el que nos puede servir Apache Benchmark es para hacer una comparación de rendimiento usando la primera ejecución como *baseline* y comparando a partir de esa si el rendimiento mejora o empeora.

Además, la información de peticiones atendidas por segundo se puede extrapolar con un margen de error amplio, veremos cómo se hace en los siguientes capítulos, para estimar a partir de los usuarios concurrentes y el número de peticiones por segundo de la prueba, cuántos usuarios simultáneos con una navegación "real" podrían atenderse.

Por último, Apache Benchmark, si deseamos evaluar una *prueba de stress*, nos puede servir para generar carga, eso sí, sin mucho control.

Por tanto, aunque simplona y poco *refinada*, es una herramienta a la que se le puede sacar partido, sobre todo para hacer pruebas rápidas donde detectar errores y hacer comparaciones de rendimiento.

HTTPerf

HTTPerf, sin ser actualmente ninguna maravilla de la funcionalidad, cuando nació, por el año 1998, supuso una pequeña revolución entre las aplicaciones libres y gratuitas. Ofrecía características que permitían simular el comportamiento de usuarios de forma un poco más realista al implementar 4 generadores de carga diferentes.

```
$ httperf --help
Usage:    httperf    [-hdvV]    [--add-header    S]    [--burst-length    N]
[--client   N/N]   [--close-with-reset]   [--debug   N]   [--failure-status   N]
[--help]    [--hog]    [--http-version    S]    [--max-connections    N]   [--max-piped-
calls   N]    [--method   S]    [--no-host-hdr]    [--num-calls   N]   [--num-conns   N]
[--session-cookies][--period [d|u|e]T1[,T2]|[v]T1,D1[,T2,D2]...[,Tn,Dn]
[--print-reply       [header|body]]       [--print-request       [header|body]]
[--rate    X]    [--recv-buffer    N]    [--retry-on-failure]    [--send-buffer    N]
[--server    S]    [--server-name    S]    [--port    N]    [--uri    S]    [--ssl]
[--ssl-ciphers   L]   [--ssl-no-reuse]   [--think-timeout   X]   [--timeout   X]
[--verbose]      [--version]      [--wlog    y|n,file]      [--wsess    N,N,X]
[--wsesslog N,X,file] [--wset N,X] [--use-timer-cache]
```

TABLA 3-5

Por ello, vamos a ver cada una de las formas que HTTPerf tiene de generar carga y cómo influyen en su comportamiento.

- **Carga básica orientada a conexiones**: El modo de trabajo más básico. Funciona generando un número fijo de conexiones cada segundo, determinado por un valor *rate* hasta completar el número total de conexiones pedido en la prueba *num-conns*. Adicionalmente se puede solicitar que en cada conexión se genere más de una petición haciendo uso de la opción *num-calls*. Hay una observación importante que hacer sobre esto: el *número fijo de conexiones por segundo* no implica concurrencia. Si a HTTPerf se le solicitan un ratio de *10 conn/s*, HTTPerf calcula que tiene 100ms para hacer cada conexión sin modo *Keep-Alive*. Si hace la primera y ve que tarda 20ms, no va a establecer ningún tipo de concurrencia. Únicamente generaría concurrencia, en este caso, cuando las peticiones consumiesen más de 100ms.

- **Carga múltiple orientada a conexiones:** Mediante la opción *wlog* HTTPerf puede leer las URIs a solicitar desde un fichero con formato separado por '\0' (null-terminated) para cada URI. El funcionamiento es análogo a la orientación a conexiones, con la diferencia que en cada conexión leerá una URI del fichero. Permite repetir la lectura del fichero cuando se llega a su final.

- **Carga básica orientada a sesiones:** La orientación básica a sesiones, accesible mediante la opción *wsess*, permite simular comportamientos de usuario donde se alternan peticiones en ráfaga con tiempos de descanso. Concretamente podemos definir el número de sesiones que queremos crear en total, cuántas queremos crear por segundo, el número de peticiones totales que queremos hacer en cada sesión, el número de peticiones que se harán en cada ráfaga y el tiempo de descaso entre cada ráfaga.

- **Carga múltiple orientada a sesiones:** Mediante la opción *wsesslog* se nos ofrece la posibilidad de configurar un fichero de peticiones que puede contener más de un tipo de sesión y en cada una de ellas los ficheros que se piden por ráfaga. La tabla inferior ejemplifica cómo se podrían diseñar dos sesiones: un login y una búsqueda. Se incluyen los ficheros adicionales (png,...) que se piden en la ráfaga y una espera de 1 o 2 segundos entre las peticiones a los ficheros *php*.

```
# Sesion 1
/index.php think=2.0
    /img1.png
    /style.css
    /script.js
/login.php method=POST contents='user=admin&passwd=1234'
    /admin/admin.css
    /admin/admin.js

# Sesion 2
/search.php method=POST contents="text=asus" think=1.0
/view.php?id=AS1298 method=GET
```

TABLA 3-6

↘ EJEMPLO 3-1: Uso de HTTPerf

Para aclarar lo máximo posible el uso de HTTPerf vamos a buscar un ejemplo por cada modo de generación de carga.

Vamos a empezar con un ejemplo de carga básica orientada a conexiones. En este caso vamos a generar un número total de 100 conexiones a un ratio de 10 conexiones por segundo en las que hace 1 petición por conexión. Además de eso hemos definido el servidor y la URL, junto con un parámetro un tanto *especial*: el parámetro *hog*. Este parámetro se debe usar siempre que queramos hacer pruebas de rendimiento en las que pueda ser necesario crear más de unas pocas miles de conexiones para evitar problemas en el uso de puertos.

```
$   httperf    --hog    --num-conns=100    --rate=10    --num-calls=1 --server=127.0.0.1 --uri /
```

TABLA 3-7

El siguiente ejemplo usaremos la modalidad de carga múltiple orientada a conexiones. La principal diferencia con la anterior es el uso de un fichero (importante insistir que cada URI está separada por el carácter *null*, es decir, '\0') que contiene la lista de URI a las que conectar haciendo uso de la opción *wlog*. Además del fichero, *wlog*, incluye un primer campo booleano. Si lo seleccionamos a no, "n", no repetirá la lectura del fichero, por lo que el fichero deberá contener tantas líneas como conexiones queramos hacer o en caso contrario finalizará. Si lo seleccionamos a sí, "y", leerá el fichero tantas veces como sea necesario hasta completar el número de conexiones.

```
$ cat -v lognull.txt
/sysinfo/gfx/treeTable/tv-expandable.gif^@/sysinfo/gfx/treeTable/blank.gif^@/sysinfo/gfx/sort_asc.png^@/sysinfo/gfx/sort_both.png^@/sysinfo/templates/aqua.css^@/sysinfo/templates/aqua/aq_background.gif^@/sysinfo/templates/two.css^@/sysinfo/templates/two/gradient.png^@/sysinfo/language/language.php?lang=es^@

$   httperf    --hog    --num-conns=100    --rate=10    --num-calls=1 --server=127.0.0.1 --wlog=y,lognull.txt
```

El tercer ejemplo será el uso de carga básica orientada a sesiones. Este ejemplo hace uso de la opción *wsess*, la opción *burst* y la opción *rate*. La opción *wsess* requiere de tres parámetros: el número total de sesiones, el número de peticiones por sesión y el tiempo de espera entre ráfagas. En este caso solicitamos 100 sesiones, con 9 peticiones por sesión y 1 segundo de espera entre ráfagas. El parámetro *burst* define el número de peticiones por ráfaga, 3 en este caso, y finalmente el parámetro *rate* indica cuántas sesiones se crean por segundo, 10.

```
$       httperf      --hog      --wsess=100,9,1      --burst=3      --rate=10
--server=127.0.0.1 --uri /
```

TABLA 3-9

Como último ejemplo veremos el uso de la carga múltiple orientada a sesiones. Para ello, utilizamos un fichero con el formato ya descrito, y que en este caso tiene dos sesiones. El fichero es usado como tercer parámetro de la opción wsesslog. Opción que cuenta con otros dos parámetros: el primero es el número de sesiones y el segundo el tiempo entre ráfaga (por defecto, aunque puede ser modificado en el fichero). Finalmente se establece el ratio. Este ejemplo crearía 100 sesiones, a partir del fichero *sess.txt*, que contiene 2 tipos de sesión, con 1,2 segundos de espera entre ráfaga y una creación de 10 sesiones por segundo.

```
$ cat sess.txt
/sysinfo/index.php?disp=dynamic think=1.0
        /sysinfo/js.php?name=jquery.timers
        /sysinfo/js.php?name=jquery.treeTable
        /sysinfo/js.php?name=jquery.jgrowl
        /sysinfo/xml.php
        /sysinfo/language/language.php?lang=es
/sysinfo/index.php?disp=static

/phpminiadmin/index.php
/phpminiadmin/index.php?phpinfo=1

$ httperf --hog   --wsesslog=100,1.2,sess.txt --rate=10 --server=127.0.0.1
```

TABLA 3-10

❖ **OBSERVACIÓN 3-1. Apache Benchmark vs. HTTPerf**

En el caso de Apache Benchmark hemos dibujado una tabla de conexiones que representa su *sencillo* funcionamiento: tantos hilos como conexione concurrentes hemos fijado y tantas peticiones como es capaz de ejecutar en cada hilo como se puede ver en la **[figura 3-3]**.

HILO\MSEC	10ms	20ms	30ms	40ms	50ms	60ms	70ms	80ms	90ms	100ms
Hilo 1	....	....	....	....	....	....	....	....	....	....
Hilo 2	....	....	....	....	....	....	....	....	....	....
Hilo 3	....	....	....	....	....	....	....	....	....	....
Hilo 4	....	....	....	....	....	....	....	....	....	....
Hilo 5	....	....	....	....	....	....	....	....	....	....
Hilo 6	....	....	....	....	....	....	....	....	....	....
..										
Hilo 10	....	....	....	....	....	....	....	....	....	....

TABLA 3-11

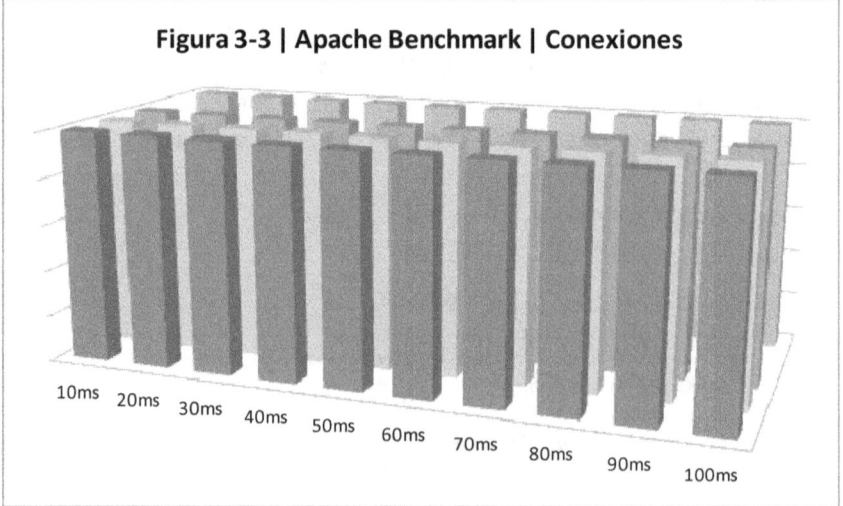

Figura 3-3 | Apache Benchmark | Conexiones

Sin embargo, HTTPerf funciona de un modo determinista. Nosotros los que fijamos es cuántas conexiones o sesiones queremos en total y cuántas por segundo. El software gestiona cómo conseguir ese valor con el mínimo gasto de recursos, tardando un tiempo total que será el total/ratio.

Ejemplificado: si a HTTPerf le hemos dicho que queremos 10 conexiones por segundo, él determina que tiene que hacer, en el peor caso una conexión cada 100ms. Con lo cual, si la realiza y tarda 40ms. Lo que tendremos serán conexiones secuenciales en un único hilo. Y la concurrencia del proceso será 1 como podemos ver en la **[figura 3-4]**.

HILO\MSEC	10ms	20ms	30ms	40ms	50ms	60ms	70ms	80ms	90ms	100ms
Hilo 1	....	....	....	....						
Hilo 2										
Hilo 3										
Hilo 4										
Hilo 5										
Hilo 6										
...										
Hilo 10										

TABLA 3-12

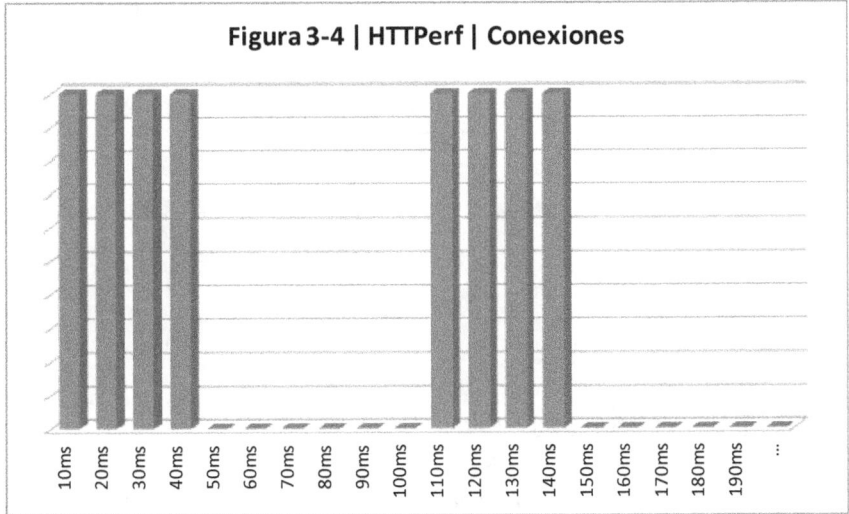

Figura 3-4 | HTTPerf | Conexiones

En el caso de las sesiones, en el momento que aparece un tiempo de espera de 1 segundo y varias ráfagas, la concurrencia aparece. Pero a diferencia de lo que sucedía con Apache Benchmark: 3 sesiones no implican 3 hilos. 3 sesiones pueden suponer 3 hilos, o pueden suponer 6 hilos o pueden suponer 9 hilos concurrentes. Dependerá del tiempo de espera, del número de peticiones y del número de peticiones por ráfaga.

Para intentar mostrar la idea lo mejor posible, la **[figura 3-5]** simula el comportamiento de HTTPerf en cuando crea 3 sesiones por segundo, cada sesión ejecuta dos ráfagas y espera 1 segundo entre ráfaga y ráfaga. En la figura podemos ver como son necesarios 6 hilos para mantener el ratio de creación de sesiones, debido a que las 3 sesiones que se crean a los 1000ms, se solapan con las 3 sesiones creadas en el instante inicial; situación que se repite cada segundo.

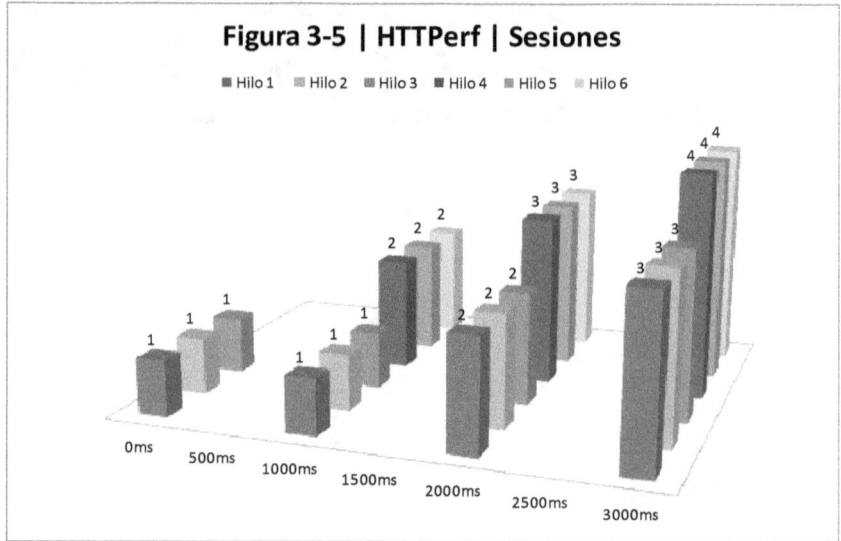

HTTPerf: Interpretación del resultado

HTTPerf muestra una salida bastante más informativa que la de Apache Benchmark, que está dividida en tres partes diferenciadas: conexiones, respuestas y otros.

Una conexión, para HTTPerf, es todo tiempo que transcurre desde que se abre el socket hasta que se cierra. Por tanto, en el caso de sesiones, puede no ser información tan interesante como en el caso de conexiones, puesto que incluirá los tiempos de espera. Esta sección muestra los ratios de conexiones por segundo y los tiempos estadísticos más significativos.

```
Total: connections 100 requests 100 replies 100 test-duration 9.931 s

Connection rate: 10.1 conn/s (99.3 ms/conn, <=2 concurrent connections)
Connection time [ms]: min 26.4 avg 38.0 max 130.5 median 32.5 stddev 19.3
Connection time [ms]: connect 7.1
Connection length [replies/conn]: 1.000

Request rate: 10.1 req/s (99.3 ms/req)
Request size [B]: 75.0

Reply rate [replies/s]: min 10.0 avg 10.0 max 10.0 stddev 0.0 (1 samples)
Reply time [ms]: response 6.5 transfer 24.4
Reply size [B]: header 200.0 content 45975.0 footer 2.0 (total 46177.0)
Reply status: 1xx=0 2xx=100 3xx=0 4xx=0 5xx=0

CPU time [s]: user 4.71 system 5.20 (user 47.4% system 52.3% total 99.8%)
Net I/O: 454.8 KB/s (3.7*10^6 bps)

Errors: total 0 client-timo 0 socket-timo 0 connrefused 0 connreset 0
Errors: fd-unavail 0 addrunavail 0 ftab-full 0 other 0
```

TABLA 3-13

Por otra parte, la sección de respuesta muestra el resultado de cada petición HTTP, incluido el tiempo medio de respuesta y el tiempo de transferencia de la respuesta. En el caso de sesiones, esta información sí irá referida a cada petición HTTP.

Por último tenemos información estadística sobre uso de recursos y errores.

Como último comentario sobre HTTPerf decir que no es capaz de almacenar información en formato CSV, o GNUPLOT, como hacía Apache Benchmark. Con lo que el trabajo de análisis posterior de resultados se volverá un poco tedioso, salvo que usemos autobench.

Autobench

Autobench es una pequeña herramienta escrita en PERL que permite añadir una serie de funcionalidades a HTTPerf:

- Recolección de información y generación de gráficos.

- Autoincremento del ratio de conexiones/sesiones.

- Ejecución distribuida desde varias máquinas.

Por lo demás, Autobench ofrece las mismas funcionalidades que HTTPerf.

La configuración de Autobench se realiza desde un fichero de texto, del que vamos a comentar sus principales opciones.

```
# Autobench Configuration File

# host1, host2
# The hostnames of the servers under test
# Eg. host1 = iis.test.com
#     host2 = apache.test.com

host1 = 127.0.0.1

# uri1, uri2
# The URI to test (relative to the document root).  For a fair comparison
# the files should be identical (although the paths to them may differ on the
# different hosts)

uri1 = /index.php

# port1, port2
# The port number on which the servers are listening

port1 = 80

# low_rate, high_rate, rate_step
# The 'rate' is the number of number of connections to open per second.
# A series of tests will be conducted, starting at low rate,
# increasing by rate step, and finishing at high_rate.
# The default settings test at rates of 20,30,40,50...180,190,200
```

```
low_rate  = 10
high_rate = 50
rate_step = 10

# num_conn, num_call
# num_conn is the total number of connections to make during a test
# num_call is the number of requests per connection
# The product of num_call and rate is the the approximate number of
# requests per second that will be attempted.

num_conn = 1000
num_call = 2

# timeout sets the maximimum time (in seconds) that httperf will wait
# for replies from the web server.  If the timeout is exceeded, the
# reply concerned is counted as an error.

timeout  = 5

# output_fmt
# sets the output type - may be either "csv", or "tsv";

output_fmt = tsv

## Config for distributed autobench (autobench_admin)
# clients
# comma separated list of the hostnames and portnumbers for the
# autobench clients.  No whitespace can appear before or after the commas.
# clients = bench1.foo.com:4600,bench2.foo.com:4600,bench3.foo.com:4600

#clients = localhost:4600
```

TABLA 3-14

Autobench, por defecto, está pensado para ser usado orientado a conexiones, para ello simplemente hay que definir el número de conexiones que queremos en total, el número de peticiones por conexión y los parámetros: low_rate, high_rate y rate_step. Parámetros que configuran respectivamente el número de conexiones por segundo de inicio, el de fin, y el incremento entre prueba y prueba.

Una idea final sobre las herramientas clásicas

Apache Benchmark o HTTPerf pueden ser muy recomendables para realizar pruebas de rendimiento sencillas y rápidas: una o dos URIs para verificar, sin AJAX, sin cookies, sin sesiones...

Sin embargo, en el momento que tengamos que pedir diez o veinte URIs, con condiciones, con AJAX, con cookies para zonas autenticadas... aunque se pueden usar, al final con paciencia y en el peor de los casos unos scripts lo lograremos, no tiene sentido perder tiempo y realizar un sobre-esfuerzo existiendo herramientas como *JMeter* que simplifican de forma muy notable todo el diseño y preparación de pruebas complejas.

3.2 | Rendimiento no web: herramientas específicas

Como explicamos en el capítulo 2, dentro de la sección dedicada a la evaluación de arquitectura multicapa, habrá situaciones en las que deberemos evaluar servicios no web.

Vaya por delante que la recomendación para estos casos es, siempre que se pueda, hacer uso de JMeter como herramienta para medir rendimiento no web.

No obstante, puede haber determinadas pruebas, muy concretas, en las que JMeter no alcance para nuestro propósito. Para ello, vamos a dar indicaciones de qué otras herramientas podrían ser usadas, aunque no forme parte de este libro explicar, ni demostrar, su utilización.

Generación de tráfico de red

Para la generación masiva de tráfico de red, en caso de que las funciones de JMeter no sean suficientes, se puede hacer uso de herramientas específicas.

Ostinato es una herramienta con un aspecto muy similar al popular analizador de red *Wireshark* pero con una función exactamente contraria: generar paquetes de forma masiva, a partir de cualquier fichero con formato PCAP o construyendo específicamente los paquetes a mano.

Análisis de servicios SMTP/POP3

JMeter dispone de capacidad para la evaluación del rendimiento tanto de servicios SMTP, como de servicios POP/IMAP. No obstante, en caso de necesitar evaluar rendimiento de servicios de correo electrónico para *millones de usuarios* existen soluciones específicas para ello.

Postal es una herramienta diseñada concretamente para la medición del rendimiento de infraestructuras de correo electrónico de alta capacidad.

Análisis de servicios VoIP (SIP)

JMeter, actualmente, no dispone de la capacidad de realizar pruebas de rendimiento sobre protocolo SIP, el más usado dentro de las soluciones de VoIP.

Si bien se podría intentar usar Ostinato para reproducir de forma masiva tráfico SIP, a partir de una sesión PCAP capturada, es posible que se necesiten funcionalidades más avanzadas de testeo.

Para estas situaciones existe una herramienta específica denominada **SIPp** que permite la simulación de llamadas definiendo un número de llamadas máximo, una duración para cada una y la concurrencia del proceso. Además permite la inclusión de flujos de vídeo (RTP) y la definición de un contexto para cada una donde es posible definir qué acciones se llevarán a cabo: descolgar, atender durante un tiempo, colgar, ...

Análisis de otros servicios

Adicionalmente existen otras herramientas específicas que en determinados momentos podemos necesitar utilizar:

- DBMonster: Herramienta para la ejecución de pruebas de rendimiento basadas en peticiones SQL a bases de datos.

- Tsung: Herramienta multiprotocolo que soporta la realización de pruebas de rendimiento a servicios XMPP/Jabber.

3.3 | APACHE JMETER: LA NAVAJA SUIZA.

Apache JMeter es una herramienta que llega al mercado que se encontraba liderado por el actualmente conocido como HP LoadRunner, por entonces llamado Mercury LoadRunner.

Tan interesante y tan destacada era la supremacía de LoadRunner que en el año 2006, cuando JMeter todavía figuraba en la segunda división de herramientas para la evaluación de rendimiento, HP adquirió Mercury por 4.500 millones de dólares, con la intención de integrar LoadRunner dentro de la suite de gestión *HP IT Management*.

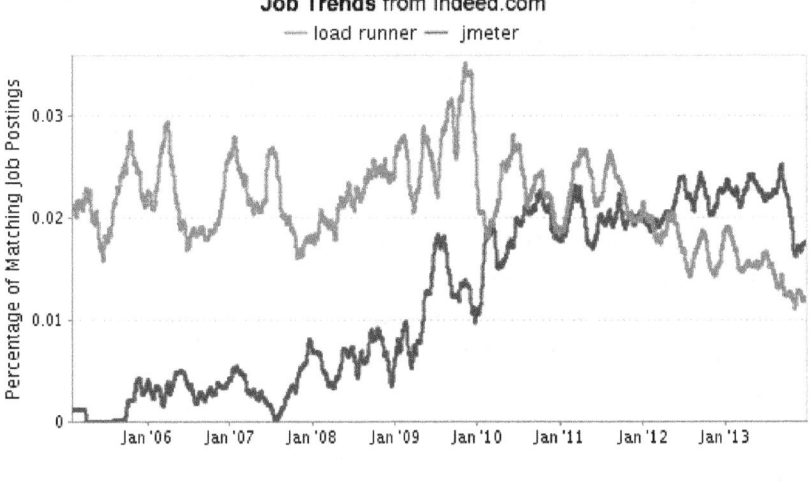

FIGURA 3-6

8 años después JMeter se ha convertido, por mérito propio, en el referente dentro de las soluciones para pruebas de rendimiento.

¿El secreto? Ofrecer una solución de software libre, multiplataforma, que permite con una mínima curva de aprendizaje, acceder a una completísima herramienta para realizar pruebas de rendimiento multiprotocolo (HTTP/HTTPS, SMTP, POP, SQL, LDAP, ...) diseñadas a partir de una GUI que permite, para la amplia mayoría de usuarios, no tener que volver a codificar pruebas en base a código, y que además cuenta con características como: ejecución distribuida, ejecución en línea de comandos, herramientas para generación de gráficos, ...

JMeter: Una visión general

En JMeter todo comienza por lo que han llamado *Plan de Pruebas*. Cuando abrimos nuestro JMeter será lo primero que veamos.

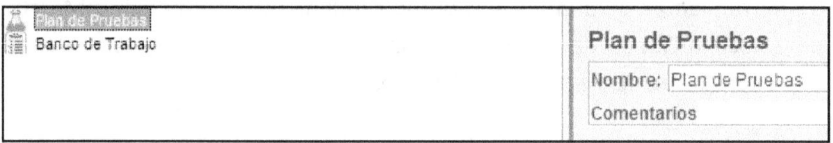

Figura 3-7

En este plan de pruebas será donde añadamos, a golpe de ratón, los elementos que dan forma a la prueba.

Grupo de Hilos

Este es un elemento obligatorio de nuestra prueba. Ya que será el que se encargue de simular los usuarios concurrentes que realizarán las peticiones que más tarde añadamos.

Figura 3-8

Las opciones más importantes del grupo de hilos son:

- **Número de hilos:** Representa el número de usuarios simultáneos que tendremos en la prueba.

- **Tiempo de autoincremento (Periodo de subida):** Número de segundos que transcurrirán desde el inicio de la prueba hasta que se alcance el número máximo de hilos seleccionado. Ejemplo: si hemos indicado 60 hilos y 120 segundos de *periodo de subida*, JMeter automáticamente cada 2 segundos creará un hilo nuevo.

- **Número de ejecuciones:** Número de veces que se ejecutará el test. Se puede poner "infinitas veces". Advertencia: si ponemos 1, por mucho que digamos 60 hilos, el test se va a ejecutar 1 vez, no 60. Las versiones actuales también admiten planificador: hora de inicio/fin o segundos de test.

Muestreadores

Acción de Prueba
AJP/1.3 Muestreador
BSF Sampler
Debug Sampler
JMS Punto-a-Punto
JSR223 Sampler
MongoDB Script
Muestra SMTP
Muestreador BeanShell
Muestreador de Acceso a Log
Muestreador Lector de Correo
Muestreador TCP
OS Process Sampler
Petición Extendida LDAP
Petición FTP
Petición HTTP
Petición Java
Petición JDBC
Petición JUnit
Petición LDAP
Petición Soap/XML-RPC
Publicador JMS
Suscriptor JMS

FIGURA 3-10

Bajo este curioso nombre, del inglés *samplers*, están escondidas las peticiones que se incluyen dentro de cada grupo de hilos.

Actualmente, en la versión 2.11 las peticiones más representativas son: FTP, HTTP, JDBC, Java, SOAP/XML-RPC, LDAP, TCP, JMS, Mail Reader, SMTP y MongoDB.

Para añadir una petición, dos o veinte, a nuestro grupo de hilos simplemente tenemos que añadirla dentro de él.

FIGURA 3-9

Controladores Lógicos

Los controladores lógicos son elementos que permiten establecer una lógica de ejecución sobre las peticiones. Los hay de varios tipos: ejecutar una sola vez, ejecutar de forma alterna, ...

Aunque no son obligatorios, son muy útiles. Por ello, la mejor forma de entender su funcionamiento es simulando un árbol de un plan de pruebas.

```
Grupo de Hilos
    Controlador "Only Once"
        Petición HTTP - Petición de Login
    Petición HTTP - Búsqueda
    Controlador "Interleave"
        Petición HTTP - Mostrar Objeto "A"
        Petición HTTP - Mostrar Objeto "B"
```
TABLA 3-15

En este ejemplo se usan dos controladores lógicos de los muchos que existen: "Only Once" (sólo una vez) e "Interleave" (intercalar). El ejemplo simula el comportamiento de un usuario que hace login, una única vez, en la aplicación, tras el login, o en la segunda iteración, realiza una búsqueda y luego, alternativamente pide ir a un objeto de la búsqueda o ir a otro.

Elementos de Configuración

Son elementos que trabajan asociados a los muestreadores y sirven para definir parámetros estándar en las peticiones (parámetros por defecto), así como para recoger información que hay que mantener entre peticiones (gestores de cookies, gestores de caché, ...).

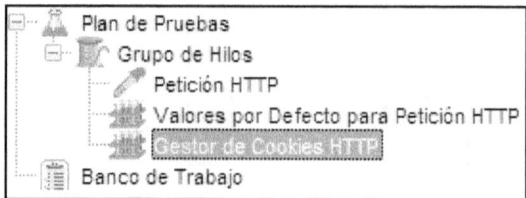

FIGURA 3-11

De esta forma es posible, por ejemplo, mantener la sesión abierta, o modificar todas las cabecera de todas las peticiones (sean HTTP, sean FTP, sean ...) desde un único punto.

En los elementos de configuración también encontraremos variables. Muy útiles para poder cambiar todos los valores de una prueba simplemente editando un valor.

Temporizadores

Sirven para introducir diferentes tipos de retardo (fijo, aleatorio normal, aleatorio gaussiano...) a diferentes niveles: en todas las peticiones del hilo, en todas las peticiones del controlador o en una petición concreta.

Hay dos particularidades de los temporizadores que debemos tener presentes:

- Se ejecutan antes de las peticiones.

- Antes de cada petición se ejecutan tantos temporizadores como haya entre la raíz del árbol (grupo de hilos) y esa hoja (nodo).

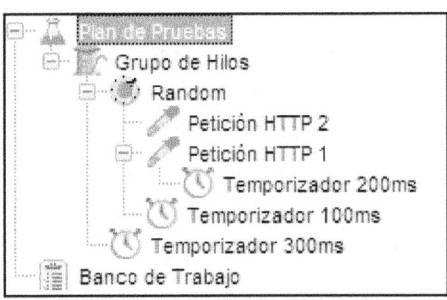

FIGURA 3-12

Vamos a aclararlo lo más posible con un ejemplo.

Este *Plan de Pruebas*, bastante sencillo ejecuta una petición HTTP aleatoriamente de las dos que dispone (controlador Random).

Además de las peticiones y del controlador el *Plan de Pruebas* tiene 3 temporizadores fijos que influyen en el desarrollo de la ejecución.

Por ello, si la petición que se ejecuta en una iteración es la petición 2, hay dos temporizadores que la afectan: el del grupo de hilos y el del controlador. Por tanto antes de ejecutarse la Petición 2 el hilo se detendrá durante 400ms. En cambio, si la petición que se ejecuta es la petición 1, hay tres temporizadores que la afectan: el del grupo de hilos, el del controlador y el suyo propio. En definitiva, la ejecución se detendrá durante 600ms.

Receptores

Son el elemento final del proceso. Su misión es recoger los resultados y hacer, según el tipo, una tarea con ellos.

Hay receptores muy sencillos que simplemente almacenan los datos en formato CSV para su posterior utilización. Mientras que otros te permiten dibujar gráficas en tiempo real, tablas de peticiones, o mostrarte los resultados de cada petición uno a uno.

En principio, los receptores más "pesados": gráficos, tablas, visualización de resultados, están pensados para la fase de diseño de la prueba.

Cuando se ejecute la prueba con carga real, la recomendación es únicamente usar el receptor más sencillo y ligero: registro en formato CSV.

Otros elementos

Existen tres elementos más para la realización de pruebas avanzadas: pre-procesadores, aserciones y post-procesadores. Su utilidad fundamental es la de interaccionar con los parámetros de lo enviado y lo recibido en cada petición, pudiendo determinar si las peticiones son correctas, o extrayendo información de las mismas (post-proceso) o modificando dinámicamente lo que se envía (pre-proceso).

Estas funcionalidades pueden ser necesaria para realizar pruebas sobre aplicaciones con soluciones AntiCSRF, con rewriting de URLs basado en identificadores de usuario o para la extracción de identificadores en operaciones de inserción, actualización y eliminación.

El Banco de Trabajo

El *Banco de Trabajo* es un elemento de JMeter que sirve, principalmente, para las fases de diseño e interpretación de resultados.

En la fase de diseño de la prueba, en el banco de trabajo es donde desplegaremos una de las herramientas más útiles de JMeter: el *servidor Proxy*.

El *servidor Proxy* nos permite capturar las peticiones que desde el navegador realicemos a nuestra aplicación web, ahorrándonos un importante esfuerzo a la hora de generar el *Plan de Pruebas*.

Durante la fase de diseño de la prueba, el banco de pruebas también será el sitio donde podamos copiar elementos que queremos mantener inactivos en un determinado momento, pero de los que no queremos perder la configuración que hemos realizado.

Por último, en la fase de interpretación de resultados, en el *Banco de Trabajo* es posible desplegar todos los *Receptores* que queramos, y dado que permiten importación desde formato *CSV*, podremos una vez acabada la prueba, donde por motivos de eficiencia sólo habrá un receptor básico, usar los receptores más avanzados (generación de gráficos, tablas, ...) sin penalizar el rendimiento.

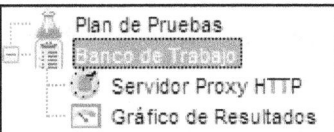

FIGURA 3-13

↘ EJEMPLO 3-2: JMeter

En el siguiente ejemplo podemos ver un Plan de Prueba relativamente completo que simularía una sesión de usuario de varios segundos de duración.

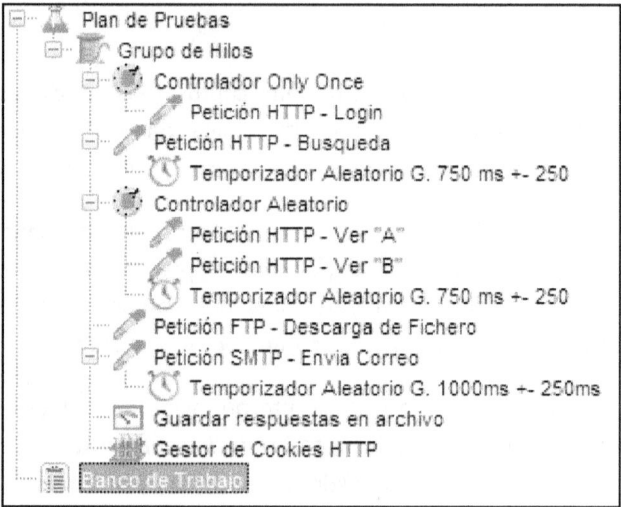

FIGURA 3-14

Vamos a analizar el comportamiento de cada uno de los hilos que decidamos lanzar en él:

1. Inicialmente hay un controlador "Only Once" que realiza una petición de *login* sin espera. Por tanto, la primera vez que se ejecute el hilo, se llevará a cabo una petición de login.

2. Esta petición de *login* generará una cookie de sesión que se almacenará en el Gestor de Cookies HTTP y que será usada en sucesivas peticiones.

3. Una vez autenticados en la aplicación, se producirá una parada de entre 500ms y 1000ms por el "Temporizador Aleatorio Gaussiano" de la petición HTTP de Búsqueda.

4. Transcurrido el tiempo aleatorio, se realizará la petición HTTP de búsqueda.

5. Posteriormente a la petición de búsqueda, se esperará un tiempo aleatorio exactamente igual al anterior (500ms ~ 1000ms)

6. Tras esta espera, se solicitará una de las dos peticiones HTTP que hay incluidas en el "Controlador Aleatorio": Ver "A" o Ver "B"

7. Y justo a continuación de que se produzca la respuesta, sin espera ninguna, se ejecutará una petición FTP de descarga de fichero.

8. Finalmente, tras la descarga del fichero, se producirá una espera aleatoria de entre 750 y 1250ms, y se enviará un email.

9. Todas la prueba se guarda en archivo para su posterior evaluación en formato CSV o XML

JMeter: Algunos pequeños trucos

Visto el funcionamiento general de JMeter, podemos pasar a ver algunas funcionalidades útiles que, en principio, no siempre vamos a usar, pero que en determinados momentos nos puede venir bien conocer.

Modo NO GUI

JMeter incluye un bat/sh que permite su ejecución en modo NO GUI (sin interfaz gráfico). Para ejecutar un test, que previamente hayamos diseñado, sin interfaz gráfico únicamente tenemos que ejecutar el siguiente comando.

```
$ ./jmeter-n test.jmx
```

TABLA 3-16

Es importante no olvidar colocar un "Receptor" para guardar las respuestas a fichero. En caso contrario no veremos absolutamente nada.

Modo Distribuido

Es posible que alguna vez necesitemos más de una instancia de JMeter para evaluar el rendimiento de un aplicativo. No tanto porque necesitemos generar más carga de la que JMeter es capaz de generar, puede generar mucha, sino más bien porque nos veamos obligado a ello. El caso más común donde vamos a tener que utilizar una prueba distribuida será cuando exista un elemento (p.ej. un balanceador) que dirija las peticiones de una IP a un determinado nodo de un *clúster*.

Ante una situación como ésta, tenemos la opción de obviar el balanceador y hacer las peticiones directamente a las IPs que hay detrás, o bien, si queremos incluir el balanceador en la prueba, generar peticiones desde varias IPs, de tal forma que cada una de ellas se dirija a un nodo diferente del *clúster*. Si optamos por esta última opción, el modo de ejecución distribuida nos puede ser de gran utilidad.

Utilizar JMeter en modo distribuido es sencillo. Únicamente tenemos que lanzar el modo *servidor* en cada uno de los nodos que queramos usar para generar tráfico.

```
$ ./jmeter-server
Created      remote      object:      UnicastServerRef      [liveRef:
[endpoint:[192.168.1.25:55553](local),objID:[-2db9fef0:145a7545f93:-7fff,
-5302733826782027174]]]
```

TABLA 3-17

El único detalle verdaderamente importante de configuración es que el nombre del host de nuestro sistema no debe resolverse a localhost. Es decir, debemos tener una configuración de host como la siguiente.

```
$ cat /etc/hostname
winter
$ cat /etc/hosts
127.0.0.1 localhost
192.168.1.25 winter
```

TABLA 3-18

Una vez tenemos configurados los servidores, queda lanzar el cliente que controlará la prueba. En él, lo único que hay que hacer es definir la lista de servidores remotos que deben controlarse. Para eso, editamos el fichero *jmeter.properties*.

```
#---------------------------------------------------------------------
# Remote hosts and RMI configuration
#---------------------------------------------------------------------

# Remote Hosts - comma delimited
remote_hosts=192.168.1.25
```

TABLA 3-19

Con esta configuración sólo nos queda arrancar el cliente de JMeter y veremos el host remoto en la opción de Arrancar Remoto.

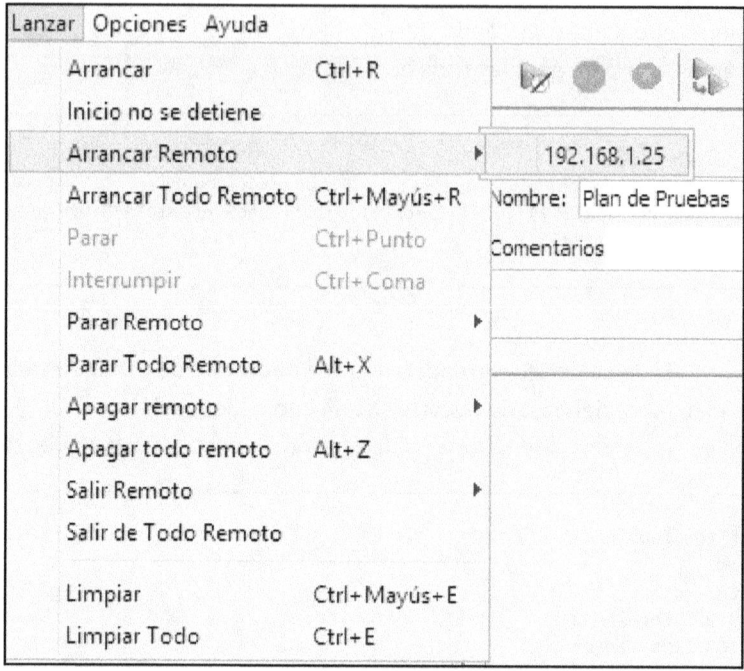

FIGURA 3-15

Cuando lancemos pruebas remotas, en los servidores veremos información del inicio de su ejecución y su finalización. Es importante saber que si las pruebas hacen uso de ficheros en las peticiones (p.ej. para enviar un fichero a un servidor FTP), este fichero debe estar en cada una de las máquinas que hagan de servidor (o en un recurso NFS que esté montado en todos los servidores); ya que no se transmiten desde el cliente.

```
Starting the test on host 192.168.1.25 @ Mon Apr 7 21:34:45 CEST 2014
Finished the test on host 192.168.1.25 @ Mon Apr 7 21:34:45 CEST 2014
[..]
Starting the test on host 192.168.1.25 @ Mon Apr 7 21:35:24 CEST 2014
Finished the test on host 192.168.1.25 @ Mon Apr 7 21:35:24 CEST 2014
```

TABLA 3-20

Finalmente, los resultados de la prueba los recibiremos en el cliente. Nota: si el servidor emite mensajes de ejecución y el cliente no muestra resultados es porque existe un problema de conexión RMI, posiblemente porque alguno de los puertos está filtrado. RMI usa puertos dinámicos, por ello es importante que entre el cliente JMeter y los servidores JMeter no existan filtros de tráfico.

Etiqueta	# Muestras	Media	Mediana	Linea de 90%
Petición HTTP	151	121	117	135
Total	151	121	117	135

TABLA 3-21

La [figura 3.5] describe una arquitectura distribuida para evaluación web con 2 nodos servidor y 1 cliente; así como sus comunicaciones.

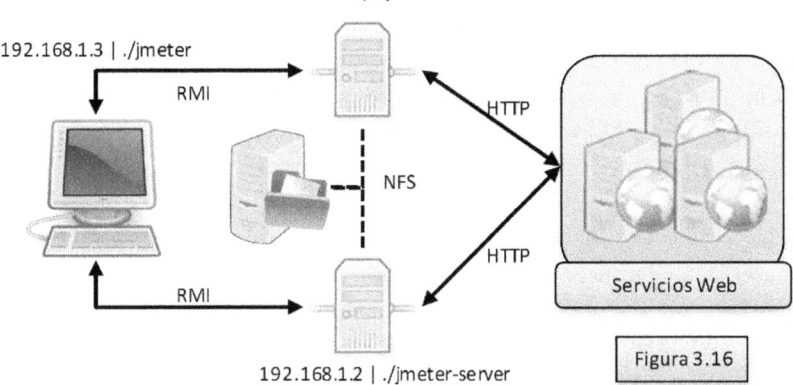

Figura 3.16

Peticiones JDBC

JMeter permite la evaluación de bases de datos a las que pueda conectar mediante JDBC (Oracle, MySQL, PostgreSQL, ...).

Sin embargo, hay un pequeño detalle que debemos tener en cuenta: necesitamos el driver JDBC de la base de datos para que JMeter haga uso de él.

Los drivers JDBC son ficheros JAR facilitados por los fabricantes de la base de datos que debemos colocar en el directorio *lib/* de JMeter.

- **MySQL:** http://dev.mysql.com/downloads/connector/j/

- **PostgreSQL:** http://jdbc.postgresql.org/

- **Oracle:** http://www.oracle.com/technetwork/es/articles/index-099369.html

- **Microsoft SQL Server:** http://msdn.microsoft.com/en-us/sqlserver/aa937724.aspx

Más Memoria

Aunque la recomendación es hacer uso del modo NO-GUI o que en caso de usar el modo GUI se utilicen componentes de recepción de información que no consuman grandes recursos, como por ejemplo la salida simple a fichero CSV, es posible que alguna vez necesitemos más memoria en JMeter porque aparezca un molesto fallo de memoria insuficiente. Que identificaremos por: *java.lang.OutOfMemoryError: Java heap space Dumping heap.*

En esta situación deberemos hacer uso de los ficheros jmeter.bat o jmeter.sh e identificar las siguientes cadenas.

En el caso de sistemas Windows (.bat):

set HEAP=-Xms512m -Xmx512m

En el caso de sistemas Unix (.sh):

JMETER_OPTS="-Xms512m -Xmx512m"

Una vez localizados nada más sencillo que editarlos e incrementar la memoria de *-Xmx512m* a *-Xmx768m* o a *-Xmx1024m*.

Usa estas 3 variables

Las variables, lo hemos dicho ya, tienen la propiedad de permitirnos cambiar el valor de todas sus referencias editando un único valor. Esta función nos será de mucha utilidad en el caso de mover pruebas entre entornos, por ello una buena idea es utilizar 3 variables básicas: host/ip, puerto y path base. Estas tres variables nos permitirán adaptar muy rápido la prueba de un aplicativo de un sistema a otro.

JMeter: Buenas prácticas

JMeter, de verdad, es una magnífica herramienta, pero lo es más si la usamos de la mejor manera posible. Por ello vamos a recopilar unas cuantas buenas prácticas, que harán que consigamos usarla de forma mucho más eficiente.

- **Usa la última versión disponible en la web oficial:** Tu distribución lleva empaquetado JMeter y es muy cómodo instalarlo con yum/apt/etc. Sin embargo, dado que aparecen varias versiones al año y en cada versión mejoran su funcionamiento, es casi seguro que la versión de tu distribución lleve varias versiones de retraso.

- **Controla la concurrencia:** Si congestionamos el cliente, lo que conseguiremos serán medidas erróneas, debido a que no será capaz de atender adecuadamente las respuestas que reciba del servidor, falseando por tanto los tiempos de respuesta de la prueba. Si necesitamos una gran concurrencia, siempre es mejor realizar una prueba distribuida.

- **Ejecuta las pruebas definitivas en modo NO GUI:** JMeter es Java y el modo gráfico de Java produce una sobrecarga apreciable. Por tanto, si queremos la mayor precisión, mejor no usar la GUI.

- **Usa el Listener "Escritor de Datos Simple":** No uses más de un Listener en la prueba definitiva. No uses Listerner gráficos, tablas o similares.
- **Usa formato CSV:** No uses XML a menos que sea vital.
- **No guardes información que no necesites:** El "Escritor de Datos Simples" se puede configurar, hazlo.

- **Limpia la caché:** Limpia la caché del navegador antes de utilizar el proxy de JMeter. Esto te garantizará ver todas las peticiones que se realizan.

- **Profundiza tu conocimiento de JMeter:** Este libro sólo muestra la parte más genérica de JMeter. Si con ella llegas a un punto donde crees que JMeter no te sirve para tu prueba de rendimiento, entonces es el momento de que leas el capítulo 7 de *Performance Testing with JMeter 2.9* o que hojees su manual de usuario; verás que todavía te falta mucho por conocer.

JMeter: Conclusiones

Menos de quince páginas no son suficientes para mostrar todo el potencial de esta herramienta, pero sí que parecen suficientes para mostrar la diferencia abismal que supone una herramienta como JMeter respeto a las herramientas clásicas para evaluación de arquitecturas Web y No-Web.

Como dijimos, para hacer una prueba rápida de unas pocas URLs, sin autenticación y sin mayor complejidad, cualquiera de las herramientas que hemos visto sirven.

Sin embargo, desde el momento que es necesario modelar una prueba, *compleja* para las funciones de las herramientas clásicas, pero habitual en cualquier infraestructura moderna; es decir, una prueba que incluya comportamiento variable en cada petición, procesos de autenticación, esperas variables, múltiples protocolos... JMeter es una elección difícilmente superable: coste, comunidad, documentación, funcionalidad, curva de aprendizaje aceptable, ... la hacen, posiblemente, la mejor herramienta que existe ahora mismo en el mercado para la realización de pruebas de rendimiento.

3.4 | FRAMEWORKS: SCRIPTING PARA GENTE ELEGANTE

No queremos terminar el capítulo sin comentar el otro camino que han escogido las herramientas de medición del rendimiento modernas como vía de progresión.

Los frameworks para evaluación del rendimiento, donde el exponente libre más conocido es *The Grinder*, son la evolución del concepto DIY, *Do-It-Yourself*, de los primeros tiempos de la existencia de pruebas de rendimiento.

Tiempos en los que cada uno codificaba sus pruebas en el lenguaje con el que más cómodo se sentía, incluso algunas veces usando como base el código de Apache Benchmark o de HTTPerf.

La idea ligada a estos frameworks es crear librerías de funciones (APIs) que encapsulen la mayoría de requerimientos habituales de una prueba de rendimiento: peticiones, paradas, concurrencia, etc.

De esta forma el programador puede hacer uso de ellas desde un lenguaje de alto nivel (Java, Clojure, ...) en el que desarrolla la lógica funcional de la prueba en base a los elementos que le ofrece la librería de funciones.

Vamos a usar un ejemplo básico donde se muestra una petición básica a un servicio HTTP.

```
# A simple example using the HTTP plugin that shows the retrieval of a
# single page via HTTP. The resulting page is written to a file.
#
# More complex HTTP scripts are best created with the TCPProxy.

from net.grinder.script.Grinder import grinder
from net.grinder.script import Test
from net.grinder.plugin.http import HTTPRequest

test1 = Test(1, "Request resource")
request1 = HTTPRequest()
test1.record(request1)

class TestRunner:
```

```
    def __call__(self):
        result = request1.GET("http://localhost:7001/")

        # result is a HTTPClient.HTTPResult. We get the message body
        # using the getText() method.
        writeToFile(result.text)

# Utility method that writes the given string to a uniquely named file.
def writeToFile(text):
    filename    =    "%s-page-%d.html"    %    (grinder.processName,
grinder.runNumber)

    file = open(filename, "w")
    print >> file, text
    file.close()
```

TABLA 3-22

En el código podemos ver que la idea sigue siendo la misma que hasta ahora. Al final tenemos una clase *Test* que sería muy parecida al Grupo de Hilos de JMeter, y dentro de ese Test tenemos una serie de peticiones *Request* que nos devuelven información.

¿Qué problemas tiene esta aproximación? El primero y muy evidente: los tests hay que programarlos y no es algo *intuitivo*. El segundo, y menos evidente, es el hecho de que para hacer cosas muy sencillas hay que programar *mucho*; mucho menos de lo que se programaba antes, pero sigue siendo una cantidad de código apreciable para hacer algo tan simple como pedir una URL.

¿Qué ventajas tiene? Su principal ventaja es que tenemos una libertad total para hacer la prueba que queramos, sin prácticamente restricciones y todo lo complejas que deseemos.

¿Cuándo esta aproximación puede ser mejor que usar JMeter? Cuando el diseño de la prueba es realmente complejo, mucho más complicado que los ejemplos que vamos a ver en este libro. Y por tanto su modelado en JMeter es problemático y necesitamos hacer uso de las funcionalidades de scripting de JMeter, que también las tiene (BeanShell, JSR223, ...).

Ante una situación de este tipo, donde al final en JMeter vamos a tener que acabar programando en Groovy, BeanShell o directamente en Java mediante el *Java Request Sampler;* es probable que si disponemos de un programador experimentado en el grupo de trabajo la aproximación de *The Grinder* sea más clara, más directa y más flexible.

PLANIFICACIÓN | 4

Cuarto capítulo y, en principio, ya tenemos una base conceptual y el conocimiento mínimo de herramientas para lanzarnos a realizar nuestra primera prueba de rendimiento. Si retomásemos la figura 1-1, sería el momento de hacer zoom sobre ella y centrarnos en el apartado destinado a las fases previas: Planificación y diseño de las pruebas de rendimiento.

> **Fases previas. Planificación y Diseño:** tipo, perspectiva, medidas, métricas, formato de petición, elección de herramientas, preparación de scripts...

FIGURA 4-1

Este capítulo cuarto, lo vamos a destinar a la planificación de las pruebas, mientras que el quinto lo dedicaremos al diseño y ejecución. Esta es una decisión personal, puesto que en otros textos encontraremos otro tipo de agrupación. Sin embargo, considero más lógica la usada aquí, aunque quizá menos formal.

Lo primero que hay que decir sobre la planificación de las pruebas de rendimiento es que es una tarea muy importante a la que tenemos que dedicar un minuto menos de lo imprescindible. ¿Un contrasentido? Es posible, pero este libro se subtitula *Guía práctica para profesionales con poco tiempo y muchas cosas por hacer*.

¿Qué queremos decir con esto? Muy simple: que no nos obsesionemos con planificar. Lo importante de las pruebas es *hacerlas* y obtener resultados. Es más, las primeras veces que planifiquemos, es posible que nos equivoquemos.

Por tanto, planificar: sí, pero en su justa medida. Y siempre priorizando la ejecución y la valoración de resultados.

Dicho esto, vamos a plantear los contenidos del capítulo.

- ✓ **Objetivos:** Los puntos fundamentales sobre los que gira toda la planificación: ¿por qué hacemos la prueba? ¿qué queremos obtener de ella? ¿quién necesita esa información?

- ✓ **Tipo de prueba:** ¿De las pruebas que hemos visto cuál se adapta mejor a los objetivos? ¿Una prueba de carga? ¿Un análisis comparativo? ¿Una prueba de stress?

- ✓ **Entorno:** Según los objetivos fijados, ¿dónde tenemos que evaluar el rendimiento? ¿En el entorno de desarrollo? ¿En el entorno de preproducción/pruebas? ¿En el entorno de producción?

- ✓ **Carga:** ¿Cuánta carga debemos generar en nuestra prueba y durante cuánto tiempo?

- ✓ **Otras preguntas "secundarias":** ¿Qué perspectiva satisface mejor los objetivos que hemos fijado? ¿Quién va a participar en la prueba? ¿De qué manera? ¿Cuándo es el mejor momento para realizar la prueba?

4.1 | Objetivos: ¿por qué?

¿Por qué vamos a hacer una prueba de rendimiento? Esta pregunta, que quizá nos suene un poco a *Perogrullo*, es algo que tenemos que tener presente siempre antes de empezar.

El motivo es muy sencillo: trabajaremos la mitad. Nos explicamos. Es relativamente habitual pensar que las pruebas de rendimiento son similares entre ellas y que, una vez tenemos los resultados de una, vamos a poder contestar a todas, o al menos a casi todas, las preguntas que nos podamos hacer a posteriori. ¡Error!

Las preguntas hay que hacerlas antes de empezar. Plantearlas al final sólo servirá, bien para contestar de cualquier manera, bien para tener que repetir la prueba. No obstante, como un ejemplo vale más que mil palabras, vamos a ejemplificar la situación.

Supongamos por un momento que tenemos una nueva versión de una aplicación que queremos liberar en producción, *miAPP 2.0*, y nos planteamos que hay que hacer una prueba de rendimiento, pero pasamos por encima de la planificación de los objetivos sin hacerle caso. El hecho es que, sin mucho criterio, decidimos hacer una prueba de carga desde la red interna, sobre el entorno de preproducción, con 40 usuarios simultáneos simulando una sesión de 2 minutos por usuario sobre las funciones más comunes del aplicativo. La finalizamos, obtenemos los resultados, el tiempo de respuesta, los errores, unos gráficos, etc.

Y entonces, leyendo los resultados, el director de desarrollo se pregunta: ¿Ha mejorado el rendimiento respecto a *miAPP 1.0*?. Mientras, a su vez, el director de sistemas pregunta: ¿Colocar el doble de memoria en la máquina tiene sentido para mejorar el rendimiento de *miAPP*?

Respuesta: no tenemos ni idea.

Y es que, aunque técnicamente las posibles pruebas de rendimiento sean similares, su planificación, diseño y resultado no lo son.

Por tanto, antes de empezar la prueba, hay que fijar unos objetivos generales de la misma y, en caso de existir, unos objetivos específicos por departamento/área que espere obtener resultados a partir de la prueba.

❖ **OBSERVACIÓN 4-1. Estableciendo objetivos**

Más que nos gustase, no existe una varita mágica que al agitarla genere los objetivos que necesitamos. No obstante, sí hay una serie de preguntas básicas, que contestar nos servirá para saber qué es lo que necesitamos hacer en nuestra prueba de rendimiento.

> I. ¿Qué servicio/infraestructura/... queremos evaluar?
>
> II. ¿Queremos una valoración de la experiencia del usuario u obtener información interna de nuestros sistemas?
>
> III. En caso de que queramos valorar la experiencia de usuario final, ¿nos interesa su ubicación geográfica? ¿Y las limitaciones de conexión WAN?
>
> IV. ¿Necesitamos conocer cuál es la capacidad máxima del sistema y en qué punto deja este de atender usuarios de forma correcta?
>
> V. ¿Queremos saber si podemos hacer frente a avalanchas puntuales que dupliquen o tripliquen nuestro número habitual de usuarios?
>
> VI. En caso de que exista, ¿el contenido de terceros (p.ej. APIs de servicios web) está perjudicando nuestro rendimiento?
>
> VII. ¿Queremos evaluar un servicio que va a ser liberado en producción? ¿Es una nueva versión de uno que ya existe previamente?
>
> VIII. ¿Queremos evaluar un servicio que se encuentra ya en producción?
>
> IX. ¿Necesitamos conocer la evolución del servicio en el tiempo?
>
> X. ¿Existen cuestiones específicas por áreas/departamentos?
>
>> a. ¿Queremos conocer cómo ha mejorado o empeorado el rendimiento de la versión actual respecto a la pasada? ¿Existe un baseline previo?
>>
>> b. ¿Queremos conocer cómo influye el aumento o disminución de recursos hardware?
>>
>> c. ¿Deseamos detectar errores tempranos en el desarrollo?

TABLA 4-1

4.2 | Tipo: ¿qué?

En el *capítulo 2* vimos, y ejemplificamos, los tipos de pruebas que existen y las diferencias fundamentales entre ellas. En este capítulo no vamos a volver a insistir en ese tema, pero sí que vamos a incidir en la parte práctica del asunto, es decir, en elegir adecuadamente el tipo de prueba que necesitamos en función de los objetivos que hayamos fijado.

Lo primero a tener claro es que tenemos a nuestra disposición 16 pruebas posibles, según vemos en la *[tabla 4-1]*. Y que estas 16 pruebas nos van a dar resultados diferentes y, por tanto, que tenemos que escoger según nuestros objetivos.

	¿Baseline?	¿Capacidad?
Carga	s/n	s/n
Stress	s/n	s/n
Resistencia	s/n	s/n
Variación	s/n	s/n

TABLA 4-2

Las pautas para hacer la elección son las siguientes:

- **Prueba de carga:** Siempre que no necesitemos ninguna de las características específicas de las otras pruebas. En general, siempre que queramos ver cómo se comporta el sistema ante un número de usuarios esperado.

- **Prueba de stress:** Cuando entre nuestros objetivos esté el conocer el punto de ruptura del servicio. También cuando tengamos que verificar el correcto funcionamiento, o el malfuncionamiento, de un servicio en cargas máximas.

- **Prueba de resistencia:** Cuando entre nuestros objetivos esté valorar el impacto del paso del tiempo en la degradación del rendimiento.

- **Prueba de variación de carga:** Cuando entre nuestros objetivos esté el conocer la capacidad para atender demandas puntuales que duplican o triplican la carga habitual del sistema.

Además, estas cuatro opciones de base, las podemos combinar con las siguientes dos opciones, dando el total de las 16 pruebas posibles.

- **Prueba con *Baseline*:** Siempre que necesitemos establecer una comparativa entre versiones haremos uso de *perfiles base*. Es válido tanto para casos software, como para casos hardware.

- **Prueba con medición de "capacidad":** Siempre que necesitemos conocer medidas internas del sistema (CPU, memoria, disco, ...) y no únicamente medidas externas (errores, tiempos de respuesta, tiempos de conexión, ...).

Elegir, más que nos gustase poder procedimentar aún más, será algo que tendremos que hacer de forma individual ante cada prueba en base a los objetivos marcados.

La única recomendación que se puede dar es que, en general, el orden de uso de las pruebas, de más a menos frecuente, es el que se ha usado: carga, stress, resistencia y variación.

La comparación de rendimiento mediante *perfiles base* es tan común que, en principio, salvo casos de nuevos elementos nunca evaluados, siempre tendremos como referencia un *perfil* previo.

Por último, el análisis de la capacidad del sistema debemos entenderlo como un valor adicional y de propósito interno con intención de establecer programas de gestión de la capacidad. No es obligatorio que en cada prueba que hagamos midamos la capacidad del sistema y es importante, que cuando lo hagamos, usemos métodos que impacten lo mínimo en el rendimiento del sistema.

4.3 | Entorno y ciclo de vida: ¿dónde?

En el *capítulo 1* vimos que en función de la fase del ciclo de vida donde se ejecute la prueba (fase de desarrollo, fase de preproducción o fase producción) ésta puede tener una utilidad u otra. Es decir, las pruebas satisfacen unos objetivos u otros.

Esta sección profundiza en ese concepto, da pautas y destierra algunas ideas erróneamente instauradas sobre los mismos.

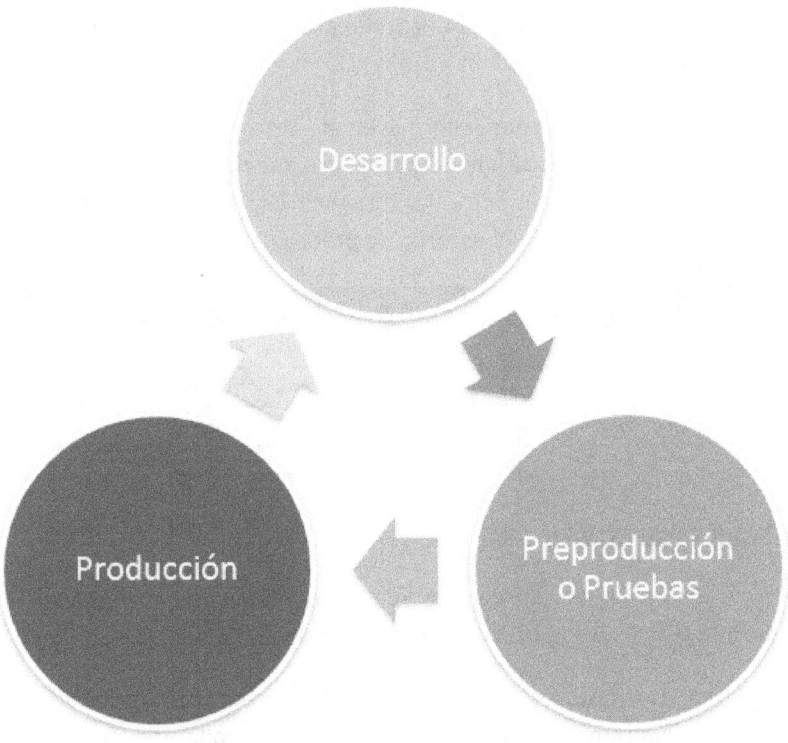

Figura 4-2

Entorno vs. Ciclo de vida

Para profundizar, lo primero que tenemos aclarar es que existen, por un lado, 3 entornos donde podemos hacer pruebas de rendimiento de un servicio y, por otro, 3 fases dentro del ciclo de vida de los servicios. Sin embargo, esta relación no es uno a uno.

Por ello, mientras que en el entorno de desarrollo sólo se hacen pruebas en la fase de desarrollo y en el entorno de producción del sólo se hacen pruebas de la fase de producción; en el entorno de preproducción no sucede lo mismo. En el entorno de preproducción se pueden hacer pruebas de un servicio en fase de preproducción o pruebas de un servicio en fase de producción.

¿Por qué? En resumen porque en el entorno de producción siempre vamos a tener una serie de limitaciones sobre qué tipo de pruebas podemos hacer. Por ello, en ocasiones, las pruebas de un servicio en fase de producción se ejecutan en el entorno de preproducción.

Entorno	Fases
Desarrollo	Desarrollo
Preproducción	Preproducción o Producción
Producción	Producción

TABLA 4-3

Entorno de desarrollo: ideas base

Vamos a enunciar los conceptos clave del entorno de desarrollo y cómo influyen en la ejecución de pruebas de rendimiento.

- Las pruebas a realizar en el entorno de desarrollo serán únicamente a servicios en fase de desarrollo.

- La característica principal del entorno es la falta de homogeneidad: equipo de trabajo del propio desarrollador del proyecto, servidores que han quedado obsoletos...

- Es el entorno menos frecuente para realizar pruebas de rendimiento.

- El motivo para realizar pruebas en desarrollo es practicar una detección temprana de problemas y de errores en la implementación.

- Es necesaria agilidad y brevedad en las pruebas.

- La prueba más usual es el test de stress para detectar problemas.

Entorno de preproducción/pruebas: ideas base

De la misma forma que hemos hecho con el entorno de desarrollo, ahora vamos a enunciar los conceptos clave del entorno de preproducción/pruebas y cómo influyen en la ejecución de pruebas de rendimiento.

- Entorno que *teóricamente* reproduce con total fidelidad y exactitud el entorno de producción.

- Entorno que <u>realmente</u> simula la infraestructura de producción: diferencias hardware, diferencias software, clústers, balanceadores, enrutamiento y sobre todo <u>usuarios</u>.

- Doble función. Función uno: evaluación de servicios previamente a paso a producción. Función dos: pruebas posteriores a entrada en producción.

- Uso previo a paso a producción: predecir funcionamiento de la aplicación en el entorno producción en base a unas estimaciones de escalado. Al mismo tiempo podemos comparar el rendimiento con perfiles base previos y fijar criterios de paso a producción. Por último, podremos detectar errores o defectos de rendimiento antes del paso a producción.

- Uso en fase de producción: detección de problemas en aplicativos ante altas cargas de usuarios, evaluación de estabilidad y degradación en el tiempo, etc.

- Es el entorno donde ejecutaremos gran parte de las pruebas de rendimiento. En principio todas las que no necesiten medir el rendimiento global de la infraestructura,

- Será necesaria una <u>extrapolación</u> que nos permita predecir el comportamiento del entorno de producción en base a los resultados obtenidos en el entorno de preproducción/pruebas.

Entorno de Producción: ideas base

Durante mucho tiempo se ha considerado un error hacer pruebas en el entorno de producción. Hoy día se considera un error no usar el entorno de producción.

Mi opinión es que en el término medio está la virtud. Las pruebas en el entorno de producción tienen un sentido y una razón de ser: el entorno de pruebas <u>NO</u> replica el entorno de producción, sobre todo porque no tiene usuarios y, además, en muchas ocasiones, principalmente para pruebas de infraestructura, ni tan siquiera hay entorno de pruebas.

Por tanto, la idea es que usemos el entorno de producción cuando sea necesario. Ni más, ni menos. No hace falta usarlo siempre, y mucho menos usarlo para actividades que se pueden hacer en preproducción; pero es totalmente razonable usarlo.

Por ello vamos a enunciar los conceptos clave del entorno de producción y cómo influyen en la ejecución de pruebas de rendimiento.

- Las pruebas en producción son <u>esenciales</u> ante la liberación de un nuevo servicio no evaluado previamente. Además, pueden ser necesarias por otras causas: inexistencia de entorno de pruebas, diferencias enormes entre entornos, fallos o complejidad en la extrapolación, etc.

- No debemos hacer pruebas en el entorno de producción que pudiesen ser hechas en el entorno de preproducción. P.ej. testeo de aplicativos para detección de errores.

- Es mejor hacer pruebas de rendimiento en el entorno de producción cada cierto tiempo, que hacerlas cuando aparecen problemas serios.

- En mayor o menor medida se causa un perjuicio a los usuarios: cierre de aplicación al usuario, enlentecimiento, etc.

Buenas Prácticas

En caso de tengamos que realizar pruebas en el entorno de producción debemos tener en cuenta las siguientes buenas prácticas.

- Utilizar preferentemente pruebas poco agresivas. Priorizar la ejecución de pruebas de carga, o de variación de carga. Limitar el uso de pruebas de stress que puedan denegar el servicio.

- Priorizar el uso de peticiones de acceso en modo lectura. Limitar la inserción, eliminación y modificación de información en uso. Crear *backups* si se va a alterar información.

- Las pruebas de resistencia no tienen mucho sentido en el entorno de producción. El propio entorno de producción es una prueba de resistencia.

- Treinta minutos deben ser suficientes para lanzar una prueba de carga planificada y recoger los resultados. Si necesitamos horas para ejecutar una prueba de carga, mejor practicar en el entorno de pruebas.

- Para conseguir tardar el menos tiempo posible en el entorno de producción, se puede usar el entorno de preproducción (si es posible) para el diseño de la prueba. La única tarea a realizar en producción será la ejecución.

- Monitorizar la capacidad del sistema durante la prueba en producción es mucho más importante que en el resto de entornos.

- El entorno de producción tiene "huecos" libres que se deben aprovechar: entrada en producción del servicio, paradas de mantenimiento, horas de mínimo uso, etc. Son buenos momentos para testear.

❖ **OBSERVACIÓN 4-2. Uso esencial del entorno de producción**

En los puntos clave del uso del entorno de producción hemos dicho lo siguiente: *las pruebas en producción son esenciales ante la liberación de un nuevo servicio no evaluado previamente.*

¿Pero por qué son esenciales? Pues son esenciales no tanto para medir el rendimiento del nuevo servicio (del que nos hubiésemos podido hacer una idea en el entorno de preproducción) como para simplificar muchísimo la evaluación del rendimiento de arquitecturas multicapa complejas.

Como vimos en el apartado 4 del capítulo 2, cuando evaluamos arquitecturas multicapa complejas, lo normal es que parte de la infraestructura IT (bases de datos, autenticación, almacenamiento, ...) sea compartida entre varios servicios.

Una de las aproximaciones que se proponían era evaluar simultáneamente todos los servicios que usan la infraestructura común. La desventaja es que, obviamente, cuanto más servicios la usan, más se nos complica la prueba.

Bien, pues la solución es "bastante sencilla". Aprovechar el entorno de producción y a nuestros usuarios para que trabajen simultáneamente con nosotros en la ejecución de las pruebas de rendimiento.

La forma de actuar sería la siguiente. *Siempre* que liberemos un nuevo servicio que no se ha evaluado en producción (y por tanto no sabemos si nuestra arquitectura compartida lo soporta), antes de permitir a los usuarios el acceso a él, ejecutar las pruebas de rendimiento que estimemos sobre el nuevo servicio en el entorno de producción, mientras que los usuarios del sistema de información interactúan con el resto de servicios.

De esta forma, la carga que deberíamos generar para todos los servicios compartidos por la infraestructura IT la están generando los propios usuarios del sistema que nos apoyan en nuestra prueba. En la *[figura 4-3]* se ejemplifica la idea.

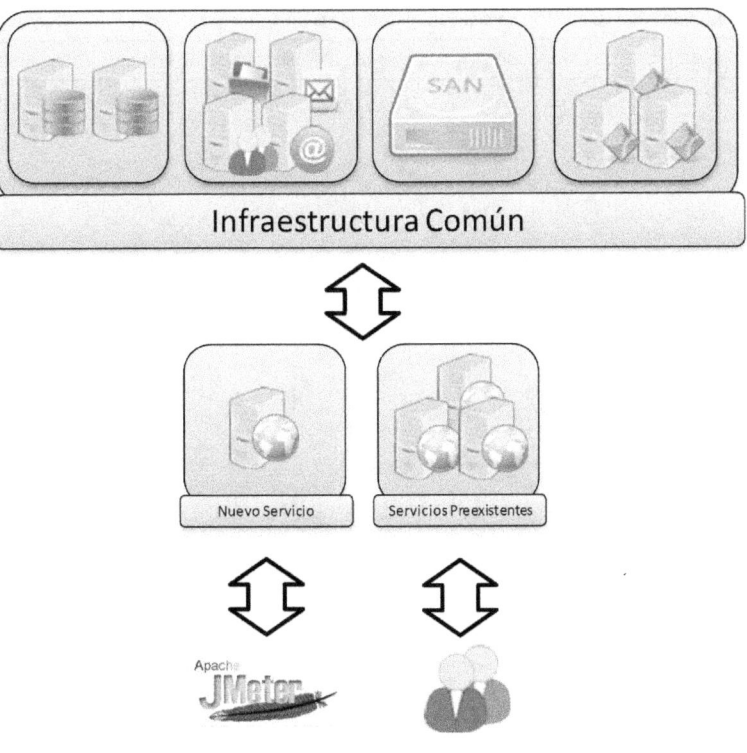

Figura 4-3

Eligiendo el entorno adecuado: fase y prueba

Elegir el entorno adecuado depende de una serie de factores. Los principales son los siguientes: los objetivos, la fase del ciclo de vida en la que se encuentra los servicios a evaluar, el tipo de prueba que vamos a realizar y la adecuación del entorno a la prueba.

La **[tabla 4-4]** recoge las principales pautas que hemos comentado a la hora de elegir entorno.

Entorno	Ciclo de Vida	Prueba	Uso
Desarrollo	Desarrollo	Stress / Detección de errores	Casi nunca
Pruebas	Preproducción/Producción	Todo tipo de pruebas	Frecuente
Producción	Nuevo servicio no evaluado	Carga Global Sistema Multicapa	Muy importante
Producción	Producción	No realizables en Ent. de Pruebas	Según necesidad

TABLA 4-4

4.4 | Carga: ¿cuánta?

En el capítulo 2 hablamos de los conceptos básicos asociados a la carga: número de usuarios, concurrencia, simultaneidad, etc. Por otra parte, en el capítulo 3, vimos que esto, a su vez, se mezcla con la orientación de la prueba: bien a conexiones, bien a sesiones.

Sin embargo, nos sigue faltando contestar la gran pregunta: ¿cuánta carga debemos generar en nuestra prueba?. Es decir, ¿cuántas conexiones por segundo debemos establecer? ¿Cuántas peticiones debemos hacer en cada conexión? ¿Cuántos usuarios concurrentes necesitamos? Es a lo que vamos a contestar en esta sección.

Salvo en el caso de las pruebas de stress, donde es sencillo de contestar: tanta como el servicio/infraestructura soporte; en el resto de pruebas la respuesta suele ser: *una estimación*.

Y sobre cómo estimar se pueden escribir libros y libros, pero aquí queremos concisión, vamos a proponer una forma de hacerlo, que si bien tenemos muy claro que no es perfecta, sí que es lo suficientemente simple y lo suficientemente *pesimista* como para que una estimación realizada con ella sirva para evaluar nuestros sistemas en cualquier prueba de rendimiento que requiera una estimación de usuarios/conexiones.

Una forma sencilla de calcular la carga

En muchos otros textos, os contarían que para calcular la carga necesitamos conocer el número de usuarios únicos por hora y la duración media de la visita de esos usuarios. Entonces, podríamos calcular el número de usuarios simultáneos sobre el sistema aplicando la siguiente fórmula: *Usuarios simultáneos = Usuarios medios por hora / Tiempo medio de Visita*.

El problema es que este cálculo, además de estar enfocado a servicios HTTP, requiere de una serie de procesos intermedios bastante tediosos sobre los *logs* de los servicios, para lo cual vamos a tener que hacer uso de herramientas intermedias para generar estadísticas: awstats, analog, visitors, etc.

Por tanto, dado que en los *logs* no encontramos nada parecido a "tiempo medio de visita": hay que simplificar. ¿Qué encontramos en los logs? Conexiones y, sobre todo, peticiones. Y es lo que vamos a aprender a usar para hacer nuestras estimaciones.

¿Qué regla vamos a seguir para estimar? Una muy sencilla.

- Nuestro valor de usuarios simultáneos será el número máximo de peticiones por minuto que reciba el servicio en un intervalo de tiempo amplio (p.ej. un mes o un año) dividido entre 60.

- Nuestro valor "pico" (máximo) de usuarios será el número máximo de peticiones por segundo que reciba el servicio en un intervalo amplio (p.ej. un mes) .

◢ **EJEMPLO 4-1 - Servicios HTTP (Apache, Tomcat, JBoss, ...)**

En los servicios HTTP, sólo *Apache*, por defecto, hace *logging* de las peticiones en el fichero *access.log*.

Tomcat y *JBoss* requieren ser configurados específicamente haciendo uso del componente Valve como se indica en la *[tabla 4-5]*. Una vez han sido configurados, advertimos que penaliza el rendimiento, generan un formato de *log* equivalente al de *Apache*. Una observación es que sólo será necesario generar *logs* en los servidores de aplicación si están configurados para servir peticiones directamente y no a través de *Apache*.

```
<Valve className="org.apache.catalina.valves.RequestDumperValve" />
<Valve className="org.apache.catalina.valves.AccessLogValve"
prefix="localhost_access_log." suffix=".log"
pattern="common" directory="${jboss.server.home.dir}/log"
resolveHosts="false" />
```

TABLA 4-5

A continuación, vamos explicar los pasos que daremos para obtener el número de usuarios y el pico de usuarios del servicio HTTP.

Para la obtención del número medio de usuarios procesaremos el log de acceso del servidor aplicando un filtro que hace un recuento del número de conexiones en cada minuto, las ordena de menor a mayor y selecciona la mayor. Un ejemplo se puede ver en la *[tabla 4-6]*.

```
# cat access.log | cut -d" " -f4 | cut -d":" -f-3 | awk '{print "requests from " $1}' | sort | uniq -c | sort -n | tail -n1

    352 requests from [10/Nov/2010:10:35
```

TABLA 4-6

De forma muy similar, la obtención del *pico* de usuarios se realiza efectuando un filtro que en vez de las conexiones por minuto, recuenta las conexiones cada segundo. La *[Tabla 4-7]* ejemplifica el proceso.

```
# cat access.log | cut -d" " -f4 | awk '{print "requests from " $1}' | sort | uniq -c | sort -n | tail -n1

    33 requests from [10/Nov/2010:10:43:14
```

TABLA 4-7

Por tanto, para el ejemplo propuesto tendremos los siguientes valores:

- **Usuarios medios simultáneo:** 6 usuarios simultáneos (352/60).
- **"Pico" de usuarios simultáneos:** 33 usuarios simultáneos.

Carga en servicios de bases de datos

Los servicios de bases de datos, de forma común, son accedidos indirectamente desde servicios HTTP y desde servidores de aplicación.

No obstante, en caso de tener que hacer una prueba de rendimiento específica al *SGBD* y dado que de forma general estos no generan *logs* de peticiones (penaliza el rendimiento significativamente) se puede estimar el número de usuarios según la siguiente regla:

- **Usuarios medios simultáneos en el SGBD:** El sumatorio de todos los usuarios medios de los servicios HTPP que comparten un SGDB.

- **"Pico" de usuarios simultáneos:** El número medio de usuarios multiplicado por 2 o 3.

Carga en otros servicios NO WEB

Además de las bases de datos, los servidores de aplicación y los servidores web, es posible que nos tengamos que enfrentar a otras pruebas de rendimiento en otro tipo de servicios.

En estos casos, debemos mantener la misma idea que hemos comentado hasta ahora, e intentar aplicar una estimación sencilla de calcular en base a los *logs* de los que dispongamos.

↘ EJEMPLO 4-3 - Postfix

El ejemplo elegido será sobre el servicio de correo electrónico (SMTP) *Postfix* mediante la información recogida en el fichero *maillog*. El cual genera una línea de tipo *smtp[pid]* o *local[pid]* para cada correo electrónico que debe gestionar, bien mediante envío al exterior, bien mediante entrega local.

```
cat /var/log/maillog-20140413 | grep -E "(smtp\[)|(local\[)" | head

Apr  6 07:00:06 host postfix/local[7284]: 118B87E01DA: to=<root@host>,
orig_to=<root>, relay=local, delay=4.2, delays=4.2/0.01/0/0.02, dsn=2.0.0,
status=sent (forwarded as 1D94D7E0147)

Apr  6 07:00:06 host postfix/smtp[7285]: 1D94D7E0147:
to=<email@google.com>, orig_to=<user>, relay=mail.google.com:25,
delay=0.09, delays=0.02/0.01/0.03/0.03, dsn=2.0.0, status=sent (250 2.0.0
Ok: queued as C7EC3802004F)
```

TABLA 4-8

Con esta información podemos recuperar el número de peticiones, en este caso correos electrónicos, que se han gestionado por minuto, como se indica en la *[tabla 4-9]*.

```
# cat /var/log/maillog*  |  grep -E "(smtp\[)|(local\[)"  |  awk '{print "requests from " $1" "$2" "$3}'  |  sort  |  uniq -c  |  sort -n  |  tail -n1

30 requests from Apr 8 21:08:43
```

TABLA 4-9

Carga de servicios: información desde el sistema de monitorización

Hasta ahora, para obtener el número de peticiones a servicios hemos recurrido a la forma más estándar y común: los *logs*. No obstante, existen otras vías para acceder a esta información.

Los sistemas de monitorización permiten, en la mayoría de los casos, recopilar información bastante similar a la que se obtiene desde los logs.

A continuación, se ilustra el uso de una de estas herramientas, concretamente *Hyperic HQ Community*, para la obtención de información similar a la obtenida desde los logs.

No obstante, la idea expuesta es extrapolable a cualquier otra herramienta de monitorización.

Servicio HTTP Apache

Para el caso del servicio *Apache HTTD* existe una métrica denominada *Requests Served per Minute* que nos permite obtener de forma sencilla el número de usuarios simultáneos. En la *[figura 4-3]* se puede observar cómo el pico de peticiones está próximo a las 1.200 por minuto.

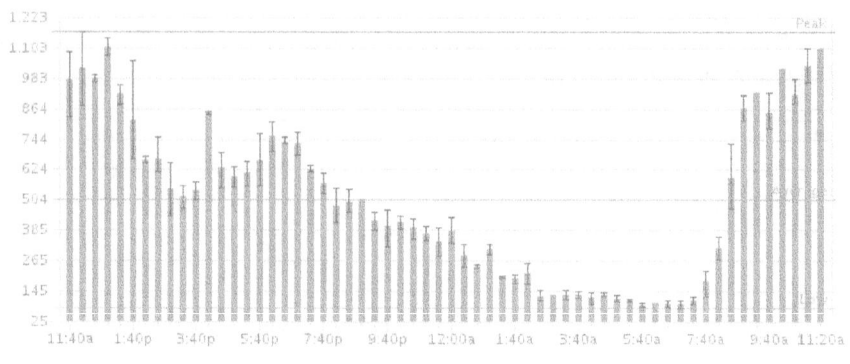

FIGURA 4-4

Servicio Tomcat y JBoss

El servicio Tomcat dispone de una métrica directa que nos muestra la concurrencia de peticiones: *Current Thread Count*. En ella vemos el número de hilos de proceso simultáneos en el sistema.

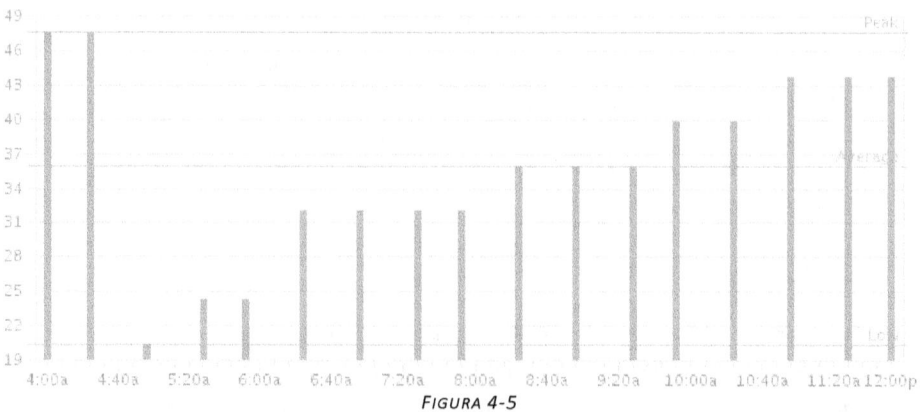

FIGURA 4-5

También existe la alternativa *Request Count per Minute* que como indica su nombre, devuelve el número de peticiones atendidas cada minuto.

Por su parte el servicio *JBoss* cuenta con la métrica *Active Thread Count* equivalente a la mostrada para *Tomcat*.

Servicios SGDB

Para los servicios SGDB (Oracle, MSSQL, PostgreSQL, ...) existe una métrica frecuente denominada *Commits per Minute* o *Transactions per Minute*.

Otros servicios

En general, todos los servicios monitorizados con Hyperic HQ, o con otras herramientas de monitorización, ofrecen métricas de utilización. Por no extender más el apartado, y dado que no aporta mucho más a la idea, pararemos aquí, pero será tarea de cada cual ver cómo su sistema de monitorización puede ayudarle a obtener información de forma rápida para la ejecución de pruebas de rendimiento.

Nuevos servicios

En el caso de tener que evaluar un servicio que nunca antes se ha usado por parte de los usuarios (algo que se debe hacer siempre) nos encontramos al problema de determinar la carga sin disponer de ningún dato.

Ante esta situación existen dos aproximaciones:

- **Conservadora:** Evaluar la carga en base a los datos reales de un servicio similar en importancia y público objetivo.

- **Agresiva:** Ejecutar una prueba de stress con incremento de usuarios/peticiones hasta apreciar una caída del rendimiento.

Es necesario aclarar que la opción *agresiva* afectará significativamente al rendimiento de toda la arquitectura multicapa que el nuevo servicio comparta en su entorno (preproducción o producción); y que por tanto podemos afectar al resto de servicios de ese entorno y a los usuarios que los usan.

4.5 | OTRAS PREGUNTAS "SECUNDARIAS".

Saber el porqué estamos haciendo la prueba, qué tipo prueba vamos a hacer, dónde vamos a hacerla y cuánta carga tenemos que generar en ella son las cuatro cosas fundamentales que debemos plantearnos antes de empezar.

No obstante, existen otros cuatro factores que también hay que meditar, aunque sea un segundo.

Personas: ¿Quiénes participan?

A la hora de fijar objetivos, la buena práctica dice que cuanto más personas se involucren mejores objetivos se fijarán y más útiles serán las pruebas. Sin embargo, a la hora de diseñar y ejecutar las pruebas planificadas, lo que la buena práctica dice es que participen las personas imprescindibles.

¿Cuántas personas son eso? En principio, una buena medida puede ser una o dos personas por prueba que se vaya a ejecutar en paralelo.

Fase de la Prueba	Personas participantes
Planificación	Las máximas
Diseño, Ejecución y Análisis de Resultados	1 o 2 por prueba paralela

TABLA 4-10

Fecha: ¿Cuándo hacer la prueba?

Salvo las pruebas en producción, que recomendamos hacerlas en las ventanas de tiempo que presente el entorno: mantenimientos, periodos sin uso, primeras versiones de un nuevo servicio,... El resto de pruebas pueden temporizarse como más convenga.

Perspectiva: ¿Desde dónde hacer la prueba?

Nuestra recomendación, para la mayoría de los escenarios, es usar la red interna siguiendo el esquema de enrutamiento de la *[figura 4-6]* que simula, a todos los efectos, un usuario desde el exterior.

FIGURA 4-6

En la figura, el equipo de pruebas (o equipos en caso de pruebas distribuidas) se colocan en el firewall más exterior del sistema. Siendo el tráfico de la prueba *enrutado* por la red de acceso, como si de un usuario externo se tratase, hasta el entorno que se haya elegido: pruebas o producción.

En el caso de las pruebas en el entorno de desarrollo la falta de homogeneidad de este tipo de escenarios impide una recomendación más precisa.

Medidas: ¿Qué información necesitamos?

En principio, salvo casos muy concretos, las medidas que obtendremos serán, en función de los objetivos marcados:

- **Medidas externas:** Para valorar la experiencia de usuario obtendremos el tiempo de respuesta y éxitos/fallos. Opcionalmente se podrá obtener el tiempo de conexión y tiempo de procesamiento.

- **Medidas internas:** A efectos de información interna de los sistemas se obtendrá, de forma genérica los parámetros de capacidad: CPU, memoria, disco, ...

❖ **OBSERVACIÓN 4-3 - Obtener medidas internas**

La obtención de medidas internas se puede realizar de múltiples y muy variadas formas, y no será este libro el que venga a poner puertas al campo.

No obstante sí que vamos a dar unas recomendaciones básicas sobre cómo deberíamos proceder a la hora de obtener medidas.

Una forma posible de obtenerlas es haciendo uso de herramientas de monitorización que tengamos instaladas en el sistema (nagios, cacti/rrd, hyperic, etc).

En este caso es el detalle más importante es que el tiempo de captura de información del sistema de monitorización y el tiempo de duración de la prueba estén alineados. De nada nos servirá un sistema de monitorización que mida la carga del servicio HTTPD cada 30 minutos, si la duración de nuestra prueba es de 15 minutos.

Otra opción, sobre todo en caso de no tener sistema de monitorización es hacer uso del *plugin* adicional para *JMeter* denominado *Servers Performance Monitoring*.

Este plugin consiste en la instalación de un agente JAVA en los sistemas a monitorizar que es capaz de recolectar información de CPU, memoria, *swap*, disco y red.

El plugin está disponible en la siguiente URL *http://jmeter-plugins.org/wiki/PerfMon/* como parte del paquete estándar.

¿Existen tareas pesadas en segundo plano?

Cuando evaluemos un sistema de información debemos prestar atención a la existencia de tareas en segundo plano que sean intensivas en el consumo de recursos (p.ej. copias de seguridad).

Si existen estas tareas, y sobre todo, si son puntuales en el tiempo, debemos adaptar nuestra prueba a ellas y valorar si nos interesa ejecutar la prueba cuando estas tareas se estén ejecutando para medir cómo impactan en el rendimiento.

4.6 | UN EJEMPLO PARA TERMINAR

Como último punto de este capítulo vamos a ejemplificar la toma de decisiones completa para un supuesto servicio de gestión de reservas online.

Lo primero es plantear los objetivos del proyecto.

I. ¿Qué servicio/infraestructura/... queremos evaluar?

Servicio de gestión de reservas.

http://misreservas.local/

II. ¿Queremos una valoración de la experiencia del usuario u obtener información interna de nuestros sistemas?

Valoración de la experiencia de usuario.

III. En caso de que queramos valorar la experiencia de usuario, ¿nos interesa su ubicación geográfica? ¿Y las limitaciones de nuestra conexión WAN?

No interesa la ubicación geográfica. No interesan las limitaciones de conexión WAN.

IV. ¿Necesitamos conocer cuál es la capacidad máxima del sistema y en qué punto deja este de atender usuarios de forma correcta?

No.

V. ¿Queremos saber si podemos hacer frente a avalanchas puntuales en nuestro número habitual de usuarios?

Sí.

VI. En caso de que exista, ¿queremos saber si el contenido de terceros (p.ej. APIs de servicios web) está perjudicando nuestro rendimiento?

No.

> **VII. ¿Queremos evaluar un servicio que va a ser liberado en producción? ¿Es una nueva versión de uno que ya existe previamente?**
>
> Sí, se trata de un servicio a liberar en producción. Es una nueva versión de uno que existe previamente.
>
> **VIII. ¿Queremos evaluar un servicio que se encuentra ya en producción?**
>
> No.
>
> **IX. ¿Necesitamos conocer la evolución del servicio en el tiempo?**
>
> No.
>
> **X. ¿Existen cuestiones específicas por áreas/departamentos?**
>
> a. ¿Queremos conocer cómo ha mejorado o empeorado el rendimiento de la versión actual respecto a la pasada? ¿Existe un baseline previo?
>
> Sí, queremos analizarlo, pero no existe un baseline previo.
>
> b. ¿Queremos conocer cómo influye el aumento o disminución de recursos hardware?
>
> No
>
> c. ¿Deseamos detectar errores tempranos en el desarrollo?
>
> No

Tabla 4-11

¿Qué prueba hacer?

Vistos los objetivos se descartan las pruebas de stress y de resistencia. En principio podemos hacer dos pruebas de carga aisladas: una para los usuarios medios del sistema y otra para el pico de usuarios. O bien podemos encadenarlas en una prueba de variación de carga (que requiere de más iteraciones).

En este caso se decide hacer una prueba de carga para la media de usuarios del sistema y otra prueba para el pico de usuarios del sistema. No se analizará la capacidad interna del sistema. Se hará una comparativa con perfil base (que no existe) entre la versión actual y la nueva versión.

En resumen, se harán cuatro pruebas de carga:

- Prueba de carga en versión actual para usuarios medios
- Prueba de carga en versión nueva para usuarios medios
- Prueba de carga en versión actual para "pico" de usuarios
- Prueba de carga en versión nueva para "pico" de usuarios

Las pruebas para la versión actual servirán de *baseline* para establecer una comparación con la nueva versión.

¿Dónde hacer la prueba?

Aunque se trate de una nueva versión de un servicio existente, dado que nunca se ha evaluado con anterioridad, se evaluará en el entorno de producción.

Sucesivas pruebas podrán ser realizadas en el entorno de preproducción/pruebas.

¿Cuánta carga generar?

Tras consulta de los logs del servicio se obtienen los siguientes valores.

```
# cat access.log | grep 12/Mar/2014 | cut -d" " -f4 | cut -d":" -f-3 | awk '{print "requests from " $1}' | sort | uniq -c | sort -n | tail -n1

    1760 requests from 12/Mar/2014:09:22

# cat access.log | grep 12/Mar/2014 | cut -d" " -f4 | awk '{print "requests from " $1}' | sort | uniq -c | sort -n | tail -n1

    123 requests from 12/Mar/2014:10:37
```

TABLA 4-12

En base a ello se definen los siguientes números de usuarios:

- **Usuarios medios:** 29 usuarios.
- **Pico de usuarios:** 123 usuarios.

¿Quién participa?

Se trata de un único servicio HTTP, no se va a hacer evaluación de otro tipo de arquitectura. En principio, 1 persona con conocimiento de la arquitectura IT que soporta el servicio.

¿Cuándo hacer la prueba?

En este caso concreto, dado que se trata del entorno de producción, una ventana de tiempo adecuada puede ser la parada para realizar el cambio de la versión actual a la nueva.

¿Desde donde hacer la prueba?

Equipo adyacente al firewall más externo.

¿Qué medidas obtener?

No se quiere valorar la capacidad interna del sistema. Por tanto se obtendrán las medidas genéricas externas: número de petición, tiempo de respuesta de cada petición y estado de petición (éxito/error).

Diseño y Ejecución | 5

Parecía que no íbamos a llegar, pero con un poco de paciencia hemos alcanzando el capítulo 5. Un capítulo donde después de todo el *rollo* previo parece que llega el momento *divertido* de todo asunto.

Sin embargo, siento ser el que agüe este festival de la diversión que tenemos entre manos con una advertencia: aunque este capítulo pueda parecer el más ameno es fundamental tener muy claros todos los capítulos anteriores.

Uno de los errores más grave graves es lanzarse al diseño y a la ejecución de pruebas sin entender los conceptos básicos explicados en los dos primeros capítulos, las herramientas explicadas en el tercero y la planificación de una prueba explicada en el cuarto.

Por último hay otra puntualización que hacer. Las tareas de diseño y construcción de pruebas, por motivos que se explican en este capítulo, son las tareas menos procedimentables de todas los que componen el libro.

Esto hace que la fase de diseño requiera de un esfuerzo adicional de *práctica,* y también algo paciencia, por parte de los que quieran llevar a cabo pruebas de rendimiento hasta lograr afinar y perfeccionar los diseños.

Dicho esto, vamos a repasar los puntos fundamentales del capítulo.

- ✓ **Diseño y construcción de pruebas:** ¿Qué pasos genéricos debemos dar para diseñar y construir una prueba? ¿Hay algún método que podamos seguir para ello? ¿Hay método mejores y métodos peores?

- ✓ **Problemas habituales en el diseño:** ¿Qué pasa cuando encontramos una autenticación poco habitual? ¿Y cuándo existen filtros *AntiCSRF*? ¿Y si necesitamos que múltiples usuarios accedan al mismo tiempo a la misma aplicación?

- **La ejecución de las pruebas:** ¿Qué debemos hacer en esta fase? ¿Lanzar el test y esperar? ¿Y los datos? ¿Cómo debemos llevar a cabo su recogida?

- **Problemas habituales en la ejecución:** ¿Estamos sobrecargando el cliente? ¿Cómo podemos saber que estamos a punto de denegar el servicio?

5.1 | Diseño y construcción de pruebas

Este es el apartado que personalmente me resulta más interesante de todo el ciclo de una prueba de rendimiento. Es con diferencia el momento más creativo y más libre de todo el proceso y, en consecuencia, es el lugar donde más fácil se cometen errores.

Por mi parte he intentado ordenar y sistematizar al máximo las tareas que componen esta fase, sin embargo, soy consciente que el proceso de diseño de una prueba está lejos de ser automatizable.

Dicho esto, comencemos.

Ideas básicas

En este primer punto vamos a tratar tres ideas que nos van a acompañar a lo largo de del diseño de una prueba: el objetivo, la dificultad de procedimentar y la diferencia entre diseño y construcción.

<u>Objetivo de la fase</u>

Esta fase tiene un objetivo final un tanto obvio: construir una prueba de rendimiento para ser ejecutada posteriormente y que se adapte a la planificación realizada.

Pero esa obviedad requiere del que es el verdadero objetivo del diseño: ser capaces de reconstruir la lógica de transacciones entre los clientes y el servidor, para posteriormente poder replicarla tantas veces como sea necesaria en función de la carga que necesitemos simular.

Es decir, inicialmente nuestro objetivo es analizar qué transacciones se producen en una sesión entre un cliente cualquiera y el servidor. El análisis es tan variado y extenso como complejo sea el servicio que se esté ofreciendo. Por enumerar algunas posibilidades:

- ¿Existe autenticación? ¿Existe un comportamiento único para cada usuario autenticado?

- ¿Qué protocolo se utiliza en la comunicación? ¿Es público?

- ¿Las peticiones son dinámicas? ¿Varían a lo largo de la sesión?

- ¿Debe existir un orden en las peticiones?

- ...

Una vez hemos sido capaz de reconstruir la lógica de transacciones de una sesión, el siguiente paso es el más sencillo. Replicar esas transacciones con ayuda de la herramienta adecuada hasta generar la carga que habíamos determinado en la planificación.

La *figura [5-1]* ilustra el objetivo de la fase.

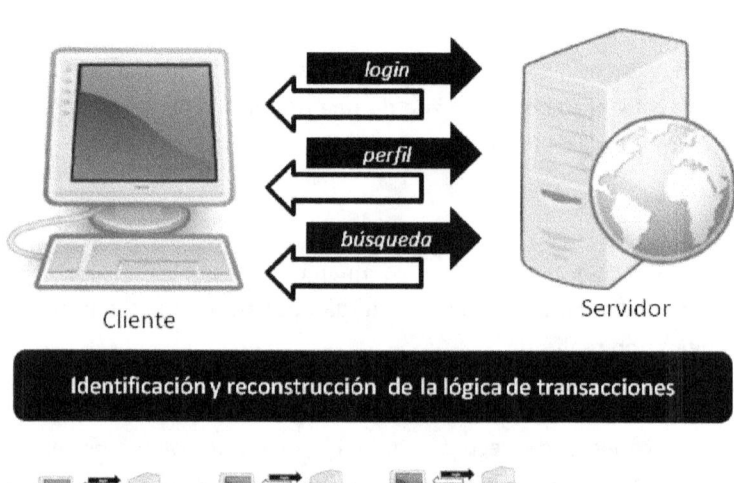

FIGURA 5-1

La dificultad de procedimentar

La segunda idea la hemos tratado en la propia introducción del capítulo, donde hemos dicho que la fase de diseño de las pruebas es la menos procedimental. ¿Por qué?

El motivo es que el diseño de cada prueba depende por completo de las peticiones que se hagan entre los clientes y el servidor.

De tal forma cada servicio efectuará unas peticiones que serán únicas y tendrá una lógica de ejecución propia. Nuestra tarea es por tanto identificarla y posteriormente replicarla.

Únicamente unos pocos servicios muy estandarizados, como por ejemplo el correo electrónico o el DNS, rompen esta regla y en ellos las transacciones sí son relativamente homogéneas. Pero no debemos pensar que todos los servicios estándar van a presentar peticiones homogéneas, por ejemplo cualquier SGDB o cualquier servicio LDAP, se comportarán de forma muy similar a los servicios web.

La *[figura 5-2]* ilustra la dificultad de procedimentar el diseño debido a la falta de homogeneidad en las transacciones que se establecen entre clientes y servidor.

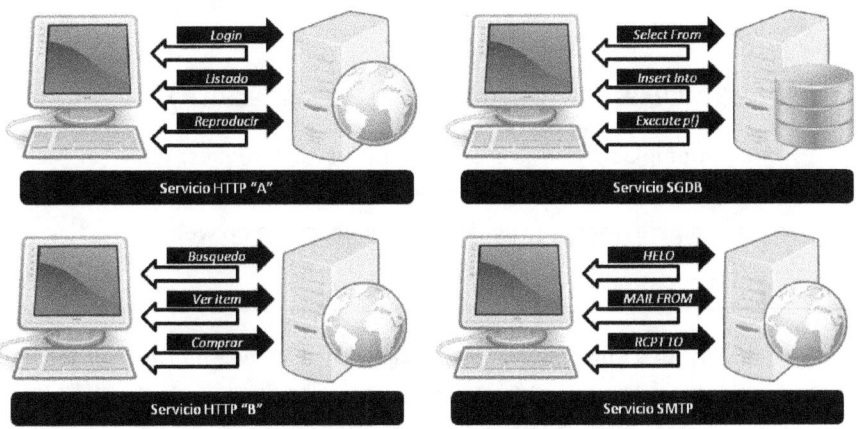

FIGURA 5-2

Diseño vs. Construcción

En un alarde de creatividad hemos titulado la sección "Diseño y construcción" porque realmente hay dos partes: diseño y construcción.

El diseño tiene como característica fundamental ser el proceso de análisis, independiente de la herramienta que elijamos, que nos lleva a identificar y reconstruir la lógica de las transacciones que necesitamos para nuestra prueba de rendimiento.

La construcción de la prueba, por otra parte, es el proceso que traslada el diseño que hemos hecho a la herramienta con la que ejecutaremos la prueba. Es decir, la construcción es la *implementación* de la prueba diseñada en una herramienta.

Nosotros, esta sección la dedicamos casi por completo al diseño de las pruebas, que es la parte más conceptual del proceso, dejando la construcción como algo secundario en los ejemplos del capítulo.

El motivo de esta decisión es que la construcción no deja de ser algo que empezamos a ver en el tercer capítulo, donde mostramos las herramientas y su funcionamiento, y sobre lo que profundizaremos con detalle en el capítulo final completamente centrado en construcción práctica de pruebas.

Diseño de pruebas web: emular la sesión del usuario

La emulación de la sesión de un usuario real es, quizá, el método más intuitivo, y por ello es el más común, estudiado y explicado de todos los que existen para diseñar pruebas, tanto web, como no web.

La idea

La idea no puede ser más sencilla: en nuestra prueba de rendimiento vamos a replicar un comportamiento lo más similar posible que seamos capaces al que realizan nuestros verdaderos usuarios.

Posteriormente este comportamiento lo replicaremos en tantos usuarios como hayamos determinado en la fase de planificación.

Cómo hacerlo

El primer paso es la obtención de un log de las peticiones que realizan nuestros usuarios y sobre este log realizaremos un análisis estadístico que ordene las acciones que los usuarios realizan de más comunes a menos comunes y determinar su frecuencia.

La *[tabla 5-1]* ejemplificaría el resultado del análisis. Sobre la misma tabla, incluso, se podría hacer un filtrado en función de aquellos que se consideraría más significativos (en este caso se ha optado por aquellos que representan >1% de las peticiones) y que serían las siete peticiones que finalmente se utilizarían en la prueba de rendimiento.

Ruta	Acción	Clicks	Frecuencia
/admin/delete	Borrar producto	1	0,00%
/admin/add	Añadir producto	5	0,02%
/admin/users	Gestionar usuarios	5	0,02%
/messages/del	Borrar mensaje interno	10	0,04%
/admin/site	Gestionar otros parámetros	10	0,04%
/admin/login	Acceso administrador	15	0,06%
/admin/stats	Estadísticas site	25	0,11%
/register	Registrarse	50	0,21%
/messages	Ver mensajes internos	50	0,21%
/admin/edit	Editar producto	60	0,25%
/profile	Perfil de usuario	75	0,32%
/login	Inicio sesión	100	0,42%
/share	Compartir en redes sociales	100	0,42%
/checkout	Tramitar pedido	300	1,26%
/basket/del	Borrar cesta compra	500	2,10%
/basket/view	Ver cesta compra	1500	6,30%
/search	Busca producto	2000	8,40%
/section	Ver sección de productos	3000	12,60%
/basket/add	Añadir a cesta compra	4000	16,80%
/view	Ve ficha producto	12000	50,41%
TOTALES		23806	100,00%

TABLA 5-1

Es posible ir un paso más allá y crear una estructura de peticiones vinculadas entre ellas. De tal forma que cuando se realizase una, a continuación, se hiciese según la frecuencia obtenida, un conjunto de ellas. La *[figura 5-3]* ejemplifica el resultado de una posible estructura a partir de los datos de la *[tabla 5-1]*.

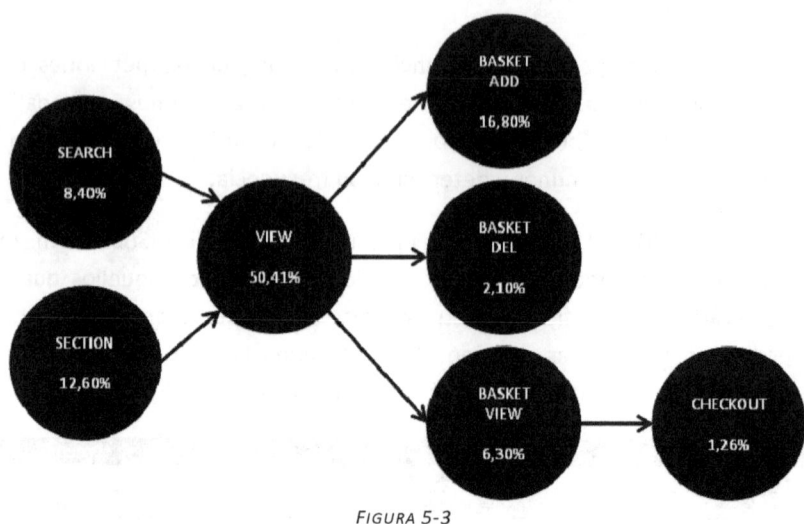

Figura 5-3

Finalmente será necesario capturar cada una de las peticiones seleccionadas como parte de la prueba entre el cliente y el servidor.

Para ello será necesario hacer uso de un servicio proxy, bien de un proxy de auditoría o bien del propio de la herramienta de pruebas de rendimiento, que capture las peticiones.

Este proxy capturará, no sólo la petición principal, sino toda la cascada de peticiones adicionales (css, js, jpg, png, ...) que se producen tras la petición principal.

Finalmente esta información será la que nos sirva para construir en la herramienta la prueba de rendimiento, dado que será la que repliquemos, con la frecuencia deseada de ocurrencia, en el número de usuarios simultáneos que hayamos planificado.

No obstante, antes de continuar, sobre estas peticiones adicionales es necesario hacer un inciso, dado que influyen de forma importante en el resultado de la prueba y además tenemos dos opciones: tratarlas o no tratarlas.

❖ **OBSERVACIÓN 5-1. Peticiones adicionales**

Como hemos dicho, las peticiones adicionales a cada petición principal (generalmente contenido estático), presentan la posibilidad de ser tratadas o no, como parte de la prueba.

Tratarlas consiste en incluirlas en nuestra prueba de rendimiento, de tal forma que cuando se pida una de las acciones se soliciten también, a continuación, los ficheros secundarios asociados.

Si decidimos incluir estas peticiones como parte de la prueba tendremos una visión más completa y que se acerca más a la simulación de una situación real. Pero, siempre hay un *pero*, tiene el *problema* de falsear datos debido a que las peticiones de contenido estático nos van a devolver tiempos de respuesta mucho más rápidos que las peticiones dinámicas. Con lo cual a la hora de interpretar datos deberemos disgregar lo que es tiempo de respuesta de la aplicación (contenido dinámico) de lo que son tiempos de respuesta del servidor web (contenido estático).

Si por el contrario no las incluimos, los tiempos de respuesta no se verán distorsionados, pero debemos controlar los tiempos entre peticiones para obtener resultados equiparables.

La *[tabla 5-2]* muestra un ejemplo donde se han solicitado peticiones adicionales, mientras que la *[tabla 5-3]* no lo hace.

Petición	Nº Peticiones	Media (ms)	Mediana (ms)	90% (ms)
index.php	480	1045	575	2685
main.php	30	225	133	545
navigation.php	930	1132	628	3103
js/messages.php	465	1050	518	2828
phpmyadmin.css.php	60	155	86	324
db_structure.php	444	1217	798	3058
js/db_structure.js	441	6	3	17
js/jquery/timepicker.js	441	4	3	9
js/tbl_change.js	441	4	2	11
server_status.php	465	1310	757	3279
js/server_status.js	459	3	2	5
js/jqplot/plugins/jqplot.pieRenderer.js	459	3	2	8

Petición	Nº Peticiones	Media (ms)	Mediana (ms)	90% (ms)
js/jqplot/plugins/jqplot.highlighter.js	459	2	2	5
js/canvg/canvg.js	459	8	5	19
js/jqplot/jquery.jqplot.js	459	46	27	102
js/jquery/jquery.tablesorter.js	459	3	2	6
js/jqplot/plugins/jqplot.cursor.js	459	3	2	8
js/jquery/jquery.cookie.js	459	2	1	7
/img/ajax_clock_small.gif	459	1	1	5
/img/s_fulltext.png	459	1	1	3
js/date.js	459	1	1	3
ui-bg_flat_75_ffffff_40x100.png	459	1	1	3
ui-bg_glass_75_e6e6e6_1x400.png	459	1	1	2
ui-bg_glass_65_ffffff_1x400.png	459	1	1	2
Total	12911	252	3	757

TABLA 5-2

Petición	Nº Peticiones	Media (ms)	Mediana (ms)	90% (ms)
index.php	486	1170	651	3017
main.php	30	233	135	603
navigation.php	986	1366	744	3632
js/messages.php	473	1248	579	3425
server_status.php	516	1708	1027	4518
db_structure.php	452	1371	829	3562
Total	2943	1364	725	3566

TABLA 5-3

Al comparar las dos tablas vemos la problemática de ambas opciones. En la *[tabla 5-2]* los tiempos totales de la prueba se reducen significativamente ya que las peticiones de contenido estático se procesan mucho más deprisa.

En la *[tabla 5-3]* en cambio vemos cómo los tiempos totales se alinean con los valores de contenido dinámico, pero por contra, al no adaptar los tiempos de espera entre petición y petición hemos incrementado la carga (menos tiempo entre peticiones) y obtenido un rendimiento peor.

Hecha esta observación parece razonable mostrar un ejemplo, breve, sobre el proceso completo de diseño y construcción de una prueba de rendimiento que ejemplifique el modelo propuesto.

↘ EJEMPLO 5-1 - Diseño e implementación de sesiones de usuario

El primer paso es hacer uso del fichero de logs del servicio web sobre el que vayamos a realizar una prueba de rendimiento. Sobre este fichero filtraremos aquellas rutas que nos interesan, es decir, eliminaremos los ficheros estáticos (js,css,jpg,png,gif,...) y realizaremos un recuento. La *[tabla 5-4]* muestra un posible resultado.

```
# cat access.log | cut -d" " -f7 | grep -v -e
"css\|js\|png\|jpg\|gif\|ico\|*\|txt" | awk '{print "requests
from " $1}' | sort | uniq -c | sort -n

    106 requests from /multimedia
    174 requests from /research
    284 requests from /academics
    290 requests from /get-details
    326 requests from /events
    377 requests from /about-us
    508 requests from /grants
    585 requests from /people
```

TABLA 5-4

Una vez que conocemos esos datos podemos elaborar una tabla como la que se muestra la [tabla 5-5]. Donde tendremos la distribución de frecuencia de cada petición.

Ruta	Acción	Clicks	Frecuencia	Magnitud
/multimedia	Ver sección multimedia	106	4,00%	1,00
/research	Ver sección investigación	174	6,57%	1,64
/academics	Ver sección académica	284	10,72%	2,68
/get-detail	Ver detalles	290	10,94%	2,74
/events	Ver eventos	326	12,30%	3,08
/about-us	Ver información contacto	377	14,23%	3,56
/grants	Ver datos de privilegios	508	19,17%	4,79
/people	Ver datos de personas	585	22,08%	5,52
	TOTALES	2650	100,00%	25,00

TABLA 5-5

Con esta información simplemente debemos utilizar un servidor proxy para capturar la información de cada una de esas peticiones.

Aquí, como ejemplo, vamos a usar JMeter, añadiendo en nuestro Banco de Trabajo, un Servidor Proxy HTTP que se encuentra dentro del grupo Elemento NoDePrueba. El proxy se levanta, por defecto, en 127.0.0.1, puerto 8080. De tal forma el navegador lo configuraremos para hacer uso de ese servidor proxy.

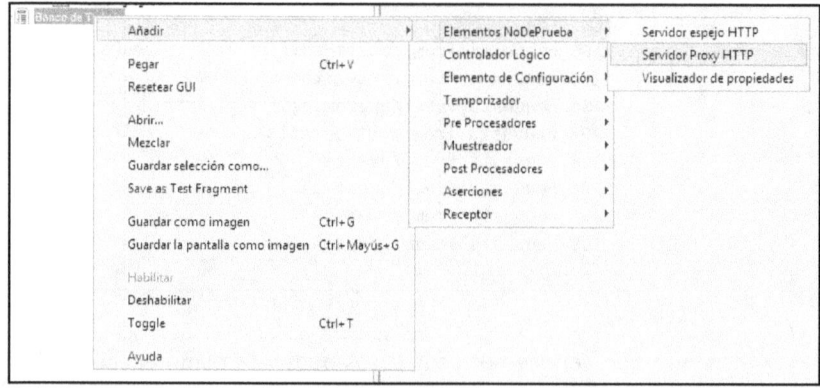

Figura 5-4

Este proxy será el encargado de capturar las peticiones que hagamos desde el navegador. Lo recomendable es tras realizar una petición agrupar todos los elementos que se hayan solicitado en un controlador simple.

Vamos a ejemplificarlo con detalle. Supongamos tenemos que hacer la petición del recurso /academics que hay en la [tabla 5-5]. Antes de hacerlo, si es el primer recurso solicitado, el aspecto de JMeter será el que se ve en la [figura 5-5].

Figura 5-5

Cuando en nuestro navegador solicitemos el recurso, automáticamente, en el grupo de hilos aparecerán todas las peticiones que se han realizado.

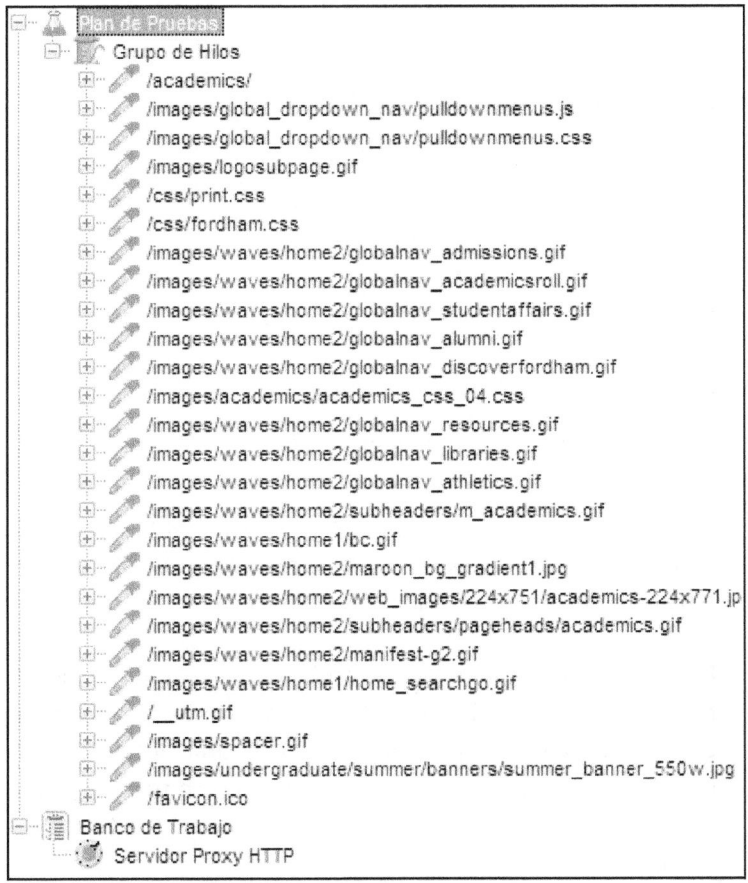

FIGURA 5-6

La [figura 5-6] muestra la petición del recurso /academics que lleva implícita la petición de un conjunto de ficheros js, css, etc. El siguiente paso que vamos a dar, dado que vamos a incluir los ficheros estáticos, es agrupar la petición en un único controlador simple de tal forma que este conjunto de peticiones se conceptualicen como una unidad. Si no quisiéramos incluir ficheros adicionales, eliminaríamos esas peticiones de ficheros js, css, etc.

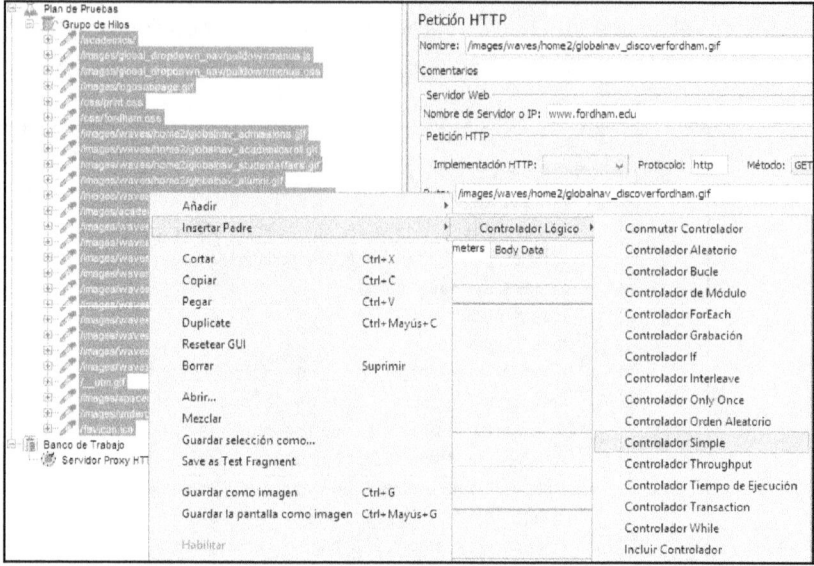

FIGURA 5-7

La *[figura 5-7]* permite ver cómo se agrupan todas las peticiones que se realizan al solicitar el recurso */academics* bajo un controlador simple, que no tiene otra función que organizativa.

Es decir, el controlador simple no influye en nada. Las peticiones se siguen realizando de la misma forma, salvo que nos permite organizar esas más de veinte de peticiones que se realizan al solicitar /academics para luego controlarlas como si de una única se tratase. Esto nos será muy útil a la hora de trabajar y veremos su utilidad dentro de este ejemplo.

Una vez agrupada una petición en el controlador simple, debemos repetir el proceso para cada una de las peticiones que conforman la prueba de rendimiento. En este caso, serían las incluidas en la *[tabla 5-5]*.

La *[figura 5-8]* nos muestra el resultado final una vez tenemos todas las peticiones construidas. Como ejemplo, podemos ver que al desplegar cada una de ellas, en su interior siguen estando todas y cada una de las peticiones HTTP concretas que la forman.

FIGURA 5-8

El último paso consiste en trasladar las frecuencias de cada una de las peticiones a JMeter. Es decir, consiste en lograr que la petición /people se ejecute cinco veces más que la petición /multimedia.

Para eso hacemos uso del *controlador bucle*, que nos permite repetir una petición tantas veces como deseemos. La *[tabla 5-6]* muestra el redondeo del valor magnitud que será usado como valor para el *controlador bucle*.

Ruta	Acción	Clicks	Frecuencia	Magnitud	Bucle
/multimedia	Ver sección multimedia	106	4,00%	1,00	1
/research	Ver sección investigación	174	6,57%	1,64	2
/academics	Ver sección académica	284	10,72%	2,68	3
/get-detail	Ver detalles	290	10,94%	2,74	3
/events	Ver eventos	326	12,30%	3,08	3
/about-us	Ver información contacto	377	14,23%	3,56	4
/grants	Ver datos de privilegios	508	19,17%	4,79	5
/people	Ver datos de personas	585	22,08%	5,52	6
	TOTALES	2650	100,00%	25,00	27

TABLA 5-6

El resultado final lo podemos ver a la derecha. Cada petición está dentro de un bucle que la repite el número de veces necesario para obtener la frecuencia de uso que se ha determinado por parte de los usuarios.

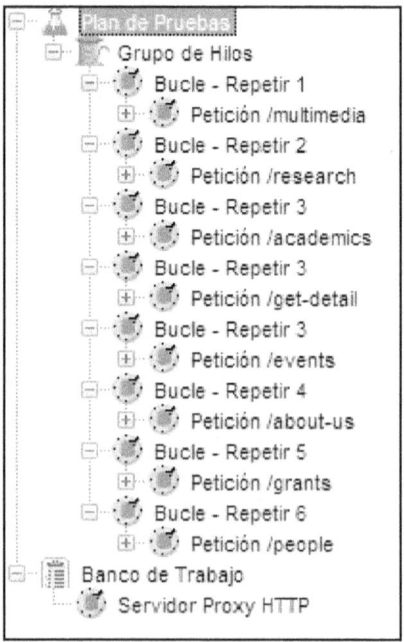

Conclusiones: ventajas, inconvenientes y uso recomendado

Teóricamente, esta es la forma más correcta de llevar a cabo una prueba de rendimiento: acercándonos lo máximo posible a la realidad de lo que el usuario hace en el sistema. Y en ello reside su clarísima ventaja. En esencia este es un método que no *inventa* nada, simplemente copia lo que ya existe y lo replica. Pero a su vez su gran desventaja.

¿Por qué? Lo más obvio que podemos pensar es porque si no existen usuarios previos no vamos a poder aplicar la idea. Pero este inconveniente existe siempre. Si no existen usuarios previos tenemos que estimar o valorar a partir de casos similares que conozcamos las frecuencias de uso. El auténtico gran problema es que, una vez llegamos al terreno práctico, los usuarios hacen *muchas cosas*, más cuanto mayor es el tamaño de las aplicaciones. El *[ejemplo 5-1]* puede parecer simple, pero porque está diseñado exprofeso para que lo sea.

Lo normal no es que un fichero de logs, aunque filtremos todo el contenido estático, devuelva 7 rutas como en el ejemplo. Lo normal es que devuelva 700; y que de ellas algunas sean irrelevantes y que otras sean homólogas. ¿Cuáles debemos probar? ¿Todas? ¿Las más usadas? ¿Las 10 más usadas? ¿Las 100? ¿Las más usadas durante cuánto tiempo? ¿Qué pasa si cambia el patrón de uso de un aplicativo? Por ejemplo, en un aplicativo nuevo es habitual que haya mucha creación de nueva información y mucha actualización de esa información; pero conforme va madurando las consultas de lo que ya existe pesan cada vez más.

En definitiva, el gran inconveniente del método que hemos explicado y que se explica en la inmensa mayoría de lugares, es que no es un método *determinista* y, además, sino pruebas todo, presenta sesgo funcional: pruebas lo frecuente. Y esto hace que para algunos aplicativos probar 25 casos sea suficiente, y para otros, pruebes 25 casos y a los tres meses falle porque el caso que no habías probado ha incrementado su uso.

¿Cuándo usarlo? No hay una respuesta única. En general es recomendable usarlo cuando contamos con capacidad para hacer una amplia cobertura la mayoría de peticiones significativas del aplicativo.

Diseño de pruebas web: una aproximación determinista.

Ya hemos visto cómo se simulan sesiones de usuario dentro de un servicio HTTP, sin embargo, también hemos visto que se requiere un esfuerzo considerable y que además no son una solución perfecta.

Por tanto, vamos a darle una vuelta al asunto con una idea en mente: no tenemos tiempo para probar 250 casos diferentes de peticiones cada vez que evaluemos una aplicación. Por tanto es necesario plantear un modelo <u>determinista</u> que acote este número y lo reduzca garantizado una cobertura aceptable de casos.

La idea

El objetivo general de esta sección es, por tanto, buscar un método que no dependa del tamaño, ni del número de peticiones/funcionalidades de usuario que tenga la aplicación a analizar.

Dicho así suena un poco extraño, pero descansa sobre unas ideas secundarias, en gran parte fruto de la experiencia en estas lides:

- La primera es que, como hemos dicho, por muy bien que simulemos el comportamiento del usuario, en aplicaciones de cierto tamaño, vamos a simular una parte. Por ello, potencialmente, dejaremos peticiones sin probar y susceptibles de crear problemas de rendimiento.

- Como contrapunto, cuando hay problemas de rendimiento (en el siguiente capítulo hablaremos más detenidamente de ello) no suelen aparecer en un único punto sino que suelen afectar a todas aquellas peticiones de usuario que a nivel interno se comportan similar (realizan consultas a la base de datos, escriben en ficheros, se comunican con un servidor remoto, …).

- Por último, los principales problemas de rendimiento se detectan en dos grandes grupos de funciones internos y plantean una relación de suma lógica:

- Funciones CRUD (Create, Read, Update, Delete) sobre las diferentes capas de de información: memoria, disco, bases de datos, servicios remotos, ...
- Funciones de complejidad igual o peor en $O(n^2)$ con n variable, no acotado y creciente en función de aspectos externos: usuarios, tiempo, uso...

De estas tres ideas, sobre todo de la última, se puede obtener una idea final que satisface el objetivo general: evaluar únicamente aquellos puntos, llamémoslos *críticos*, donde habitualmente detectan los principales problemas de rendimiento.

Los puntos críticos: ¿por qué son críticos?

Los puntos *críticos* lo son por la forma en la que funciona un aplicativo actual en un modelo multicapa como el que se ve reflejado en la *[figura 5-10]* formado por una aplicación que reside sobre una infraestructura local y que a su vez mediante comunicaciones de red hace uso de una infraestructura común.

En un escenario como el de la *[figura 5-10]* las funciones CRUD son las que distribuyen la carga entre los diferentes puntos del sistema de información, tanto localmente (p.ej. disco local) como remotamente (base de datos, LDAP, ...).

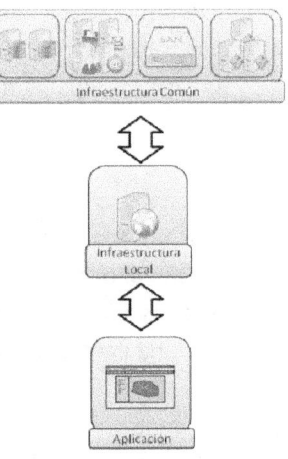

Figura 5-10

Por tanto, en estas funciones CRUD, al someterlas a pruebas de rendimiento y generar carga en ellas, vamos a detectar gran parte de los problemas de rendimiento del sistema de información.

Como complemento a las funciones CRUD, las funciones con complejidad igual o peor que $O(n^2)$ y con un tamaño de entrada *n* variable, no acotado y creciente en función de aspectos externos: usuarios, tiempo, uso, etc, son candidatas a crear problemas de rendimiento derivados de un escalados ineficiente.

Insistimos que esta relación es una suma lógica. Por ello podremos tener problemas de rendimiento los dos casos: en las funciones CRUD, en las funciones con complejidad igual o peor que $O(n^2)$ y cuando se den ambos casos al mismo tiempo.

No obstante, antes de seguir hablando de puntos críticos y de cómo diseñar una prueba determinista e independiente del tamaño de la aplicación, vamos a hacer un paréntesis para tratar la complejidad con un ejemplo.

↘ **EJEMPLO 5-2 - La importancia de la complejidad**

Seguramente más de una vez hemos escuchado eso de la complejidad, que si ciclomática, que si asintótica, que si *McCabe*, que si *Big-O*, pero no siempre nos paramos a analizar la importancia que esto tiene en el rendimiento.

Lo primero, decir que la complejidad ciclomática (*McCabe*) no tiene relación con el rendimiento. La complejidad ciclomática está relacionada con la mantenibilidad del código y con el número de pruebas que se deben realizar para evaluarlo. Por lo tanto podemos olvidarla dentro del propósito de la evaluación del rendimiento.

Por contra, la complejidad algorítmica, de la que la más conocida es la notación *Big-O*, sí que tiene un impacto directo en el rendimiento de una aplicación. Esta notación divide los algoritmos en los siguientes órdenes de complejidad:

- $O(1)$ orden constante
- $O(\log n)$ orden logarítmico
- $O(n)$ orden lineal
- $O(n * \log n)$ orden cuasi-lineal
- $O(n^2)$ orden cuadrático

- $O(n^a)$ orden polinomial (a > 2)
- $O(a^n)$ orden exponencial (a > 2)
- $O(n!)$ orden factorial

Sobre este tema, es posible que algunos todavía se acuerden de esa frase que dice algo así como *los algoritmos con orden cuadrático o superior presentan una merma del rendimiento muy apreciable en función del tamaño de los datos de entrada.* Sin embargo, ¿eso qué significa? ¿Cuánto impacta el rendimiento?

Vamos a intentar contestarlo con un ejemplo muy sencillo.

Supongamos que tenemos un almacén donde hay una serie de productos identificados por códigos de barra secuenciales. Sobre esos productos se realiza un recuento de stock semestral que tiene como resultado dos ficheros CSV.

Estos ficheros contienen la totalidad de códigos de barras existentes y la cantidad de producto asociada a ese código. El fichero no está ordenado.

```
$ cat example.csv
1368601200007;8620
1368601200001;6096
1368601200008;4272
1368601200004;2080
1368601200002;1436
1368601200006;369
1368601200009;4566
1368601200005;6881
1368601200000;6940
1368601200003;1573
```

TABLA 5-7

El objetivo es generar un tercer fichero CSV que agrupe ficheros semestrales en un fichero anual con dos lecturas de stock para cada producto.

Una posible aproximación, más habitual de lo que debiera, pero totalmente errónea desde el punto de vista del rendimiento, es hacer uso de un algoritmo de tipo *burbuja* donde se recorra el fichero inicial y para cada una de sus entradas se recorra el fichero secundario buscando la misma clave. La *[tabla 5-8]* muestra esta solución.

```
$file1=file($argv[1]);
$file2=file($argv[2]);

foreach ($file1 as $line1) {
  foreach($file2 as $line2) {
    $key1=explode(";",$line1);
    $key2=explode(";",$line2);
    if (trim($key1[0])==trim($key2[0])) {
        echo trim($key1[0]).";".trim($key1[1]).
        ";".trim($key2[1])."\n";
    }
  }
}
```
Tabla 5-8

Otra aproximación, mucho más adecuada, es hacer uso de una ordenación previa que en los lenguajes de alto nivel actuales va a tener una complejidad *quasilineal*.

Y, a continuación, aprovechamos el orden para construir una búsqueda con complejidad lineal, como se muestra en la *[tabla 5-9]*.

```
$file1=file($argv[1]);
$file2=file($argv[2]);

sort($file1);
sort($file2);

for ($i=0;$i<count($file1);$i++) {
  $key1=explode(";",$file1[$i]);
  $key2=explode(";",$file2[$i]);
  echo trim($key1[0]).";".trim($key1[1]).";".trim($key2[1])."\n";
}
```
Tabla 5-9

¿Y realmente es tan importante esa ordenación previa? Pues vamos a verlo de forma práctica con dos ejemplos, uno en el que el fichero CSV contiene 100 productos y otro en el que el fichero CSV contiene 2.500 productos.

```
$ time ./merge_n data1.100.csv data2.100.csv > merge_n.100.csv
real 0m0.033s

$ time ./merge_n^2 data1.100.csv data2.100.csv > merge_n^2.100.csv
real 0m0.047s
```

TABLA 5-10

La *[tabla 5-10]* muestra como para el caso de 100 líneas la diferencia es muy poco significativa 33ms vs. 47ms. Algo que es imperceptible a nivel humano.

```
$ time ./merge_n data1.2500.csv data2.2500.csv > merge_n.2500.csv
real 0m0.063s

$   time    ./merge_n^2    data1.2500.csv    data2.2500.csv    >
merge_n^2.2500.csv
real 0m9.352s
```

TABLA 5-11

```
$ time ./merge_n data1.250000.csv data2. 250000.csv
real 0m2.753s
```

TABLA 5-12

Sin embargo, en el momento que la entrada incrementa su tamaño la *[tabla 5-11]* y la *[tabla 5-12]* muestran porqué es un error hacer uso de la opción de mezcla mediante burbuja.

Para 2.500 productos, la complejidad cuadrática, hace que el tiempo de ejecución se acerque a 9 segundos, a partir de aquí, el gráfico de la *[figura 5-11]* predice el comportamiento del algoritmo cuadrático. Los números son muy claros. 5.000 productos: 37,5 segundos. 10.000 productos: 2 minutos y medio. 250.000 productos: más de 1 día.

Más de 1 día frente a menos de 3 segundos en la versión lineal como se ve en la *[tabla 5-12]*. La diferencia: tres líneas de código. Da qué pensar, ¿verdad?

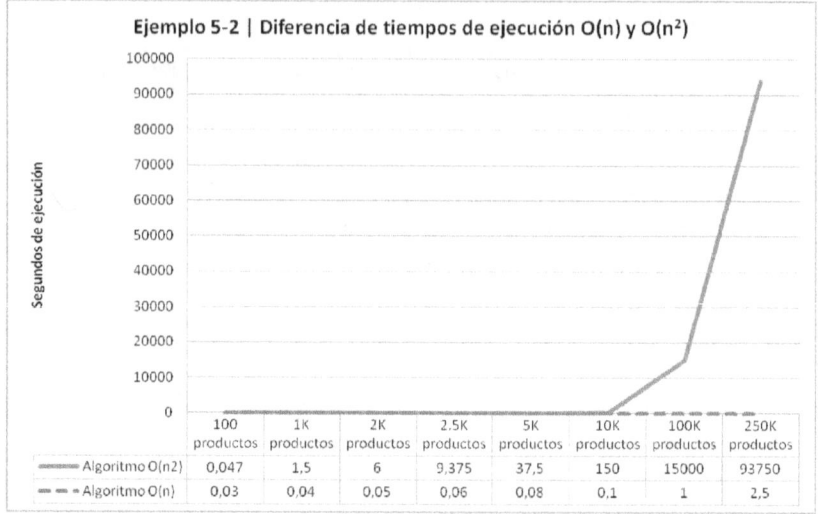

FIGURA 5-11

Cómo hacerlo

Explicados ampliamente los motivos de la idea, el objetivo es identificar qué funciones debemos probar que satisfagan estas condiciones:

- Funciones CRUD (Create, Read, Update, Delete) sobre las diferentes capas de de información: memoria, disco, base de datos, servicios remotos, ...

- Funciones de complejidad igual o peor en $O(n^2)$ con n variable, creciente o dependiente del contexto.

Por tanto lo primero que deberíamos hacer es crear una tabla como la [tabla 5-13].

Capa\Acción	C	R	U	D
Memoria Local*				
Disco Local*				
SGBD				
LDAP				
...				
WebService A				

TABLA 5-13

En esta tabla tenemos que rellenar qué acciones realiza nuestra aplicación en cada una de las capas. Las capas que se muestran en la *[tabla 5-13]* son un ejemplo. Nuestra aplicación no tiene que tenerlas todas o puede tener otras (p.ej. Radius). De la misma forma tampoco tiene que realizar todas las acciones CRUD (Create, Read, Update, Delete) en cada capa: una aplicación que autentica usuarios en un directorio LDAP centralizado, normalmente, sólo efectúa lecturas.

Por último, la *memoria/disco local,* salvo que usemos algoritmos que realicen operaciones intensivas en ellos no deben ser evaluados de forma específica. Se presupone, a efectos de evaluación, que el resto de peticiones van a hacer un uso más o menos homogéneo de ellos.

La *[tabla 5-14]* ejemplifica el resultado para una aplicación de gestión sencilla que autentica usuarios contra LDAP y hace uso de un webservice externo.

Capa\Acción	C	R	U	D
Memoria Local*	x	x	x	x
Disco Local	x	x	x	x
SGBD	✓	✓	✓	✓
LDAP	x	✓	x	x
WebService A	x	✓	✓	x

Tabla 5-14

A nivel local la aplicación no tendría operaciones específicas en memoria local, ni haría uso de disco (más allá de estar contenida en él y ser leída por el servidor de aplicación). A nivel de infraestructura común, en el SGDB realizaría todo tipo de operaciones, en el LDAP únicamente leería la autenticación de usuarios y finalmente en el *Webservice* leería información y actualizaría información; pero no crearía ni eliminaría datos mediante él.

Obtenemos así una prueba determinista: para cada aplicación debemos probar unas tipologías concretas de funciones.

¿Qué funciones? Pues en cada uno de los tipos, la que determinemos/estimemos más probable en uso de la misma forma que hicimos en el *[ejemplo 5-1]* (si no existen logs tenemos que estimar) y, además, debemos identificar si existen peticiones con una complejidad superior a la más frecuente.

¿Cómo podemos saber la complejidad de una función? Desgraciadamente, no existe un método automatizado para calcular la complejidad algorítmica, pero disponemos de desarrolladores a los que se les puede preguntar.

¿Qué preguntamos? Básicamente para cada tipo de acción C/R/U/D en cada capa que tengamos que evaluar si existen peticiones que para su resolución hagan uso de comportamientos "anidados" (bucles dentro de bucles, llamadas desde el bucle de una función a otra función que incluye un bucle, etc).

Con la información de peticiones más frecuentes por tipo y con la información de si existen funciones cuadráticas o peores, confeccionaremos una tabla como la *[tabla 5-15]*.

En ella tenemos la petición más común según los logs para cada acción CRUD a evaluar y, además, una petición de lectura sobre el SGDB que se ha determinado posee orden cuadrático.

Ruta	Acción	Complejidad	Frecuencia
/register	C | SGDB	$O(n)$	8%
/view_item	R | SGDB	$O(n)$	25%
/advanced_search	R | SGDB	$O(n^2)$	10%
/update_profile	U | SGDB	$O(n)$	5%
/admin/delete_item	D | SGDB	$O(n)$	4%
/login	R | LDAP	$O(n)$	10%
/availability	R | WebService	$O(n)$	25%
/checkout	U | WebService	$O(n)$	13%

TABLA 5-15

Una vez llegado a este punto se procede exactamente igual que en el caso del *[ejemplo 5-1]* dado que la *[tabla 5-15]* es equivalente al resultado obtenido en la *[tabla 5-5]*.

- **OBSERVACIÓN 5-2 - El tamaño de los datos**

  En caso de haber detectado la existencia de una función de complejidad cuadrática $O(n^2)$ o peor es muy importante el tamaño de los datos del sistema de prueba.

  Si es una aplicación que nunca ha sido usada, será muy recomendable generar datos de prueba hasta un tamaño similar al que se estime tendrá en uso. En caso contrario la función $O(n^2)$ maquillará su ineficiencia debido al reducido tamaño de los datos.

Conclusiones: ventajas, inconvenientes y uso recomendado

Este método, tiene como ventaja clara acotar las pruebas y garantizar una representación de, al menos, una petición por tipo de funcionalidad que con frecuencia causa problemas de rendimiento.

Ya no hay que probar, como en la metodología anterior, las 25 peticiones más frecuentes o las 50. Porque, es posible, que las 25 peticiones más comunes sean una lectura de la base de datos. Con lo cual, el día que se nos junten 5 usuarios haciendo inserciones podemos tener un problema.

El inconveniente de este método es que necesita de la estrecha colaboración del equipo de desarrollo, que únicamente es utilizable en aplicativos sobre los que disponemos de código fuente y que, además, la cobertura funcional es menor. Es decir, realmente vamos a testar menos, pero es que esa es la idea: hacer menos peticiones, pero garantizar que hacemos "las mejores" para encontrar problemas de rendimiento.

El uso recomendado sería siempre que sea posible, además, nada nos impide, salvo el tiempo, mezclar los dos métodos vistos. Obtener por un lado las funciones CRUD y $O(n^2)$ y por otro, las funciones más frecuentes desde el punto de vista del usuario.

Mi consejo es que entre una simulación de peticiones basadas en frecuencias de uso por parte de usuarios que no cubra la amplísima mayoría de ellas, y este método, se elija este método, porque con menos pruebas, garantizas una cobertura, aunque menor, más homogénea.

Diseño de pruebas no-web

Si el diseño de pruebas web plantea cierta dificultad a la hora de procedimentar algunos puntos, los servicios no-web, en ciertos casos, pueden plantear aún más dificultad. En cambio, afortunadamente, en otros, son mucho más sencillos de evaluar.

La idea

La idea principal de las pruebas no-web es que existen dos grandes grupos de servicios que debemos distinguir y que nos permitirán dos aproximaciones diferenciadas a la hora de realizar pruebas de rendimiento:

- **Diferenciados por el tamaño de petición:** Son servicios donde la principal característica significativa entre una petición y otra es el tamaño de la petición, mientras que el contenido de la misma es bastante irrelevante. Otra característica de este tipo de servicios es que son servicios bastante homogéneos en cuanto a su comunicación con el cliente. Dentro de este grupo destacan los servicios de correo electrónico, los servicios de infraestructura de red, los servicios de transmisión de ficheros o los servicios de resolución de nombres.

- **Diferenciados por contenido de petición:** Son servicios cuya característica significativa entre una petición y otra es el contenido concreto de la misma. Otra característica de este tipo de servicios es que son mucho menos homogéneos en su comunicación con el cliente permitiendo una comunicación mucho más flexible. Dentro de este grupo destacan los servicios de gestión de bases de datos, los servicios de directorio (LDAP), los servicios RPC no web, ...

Los servicios diferenciados por el tamaño de petición permiten una aproximación bastante homogénea y relativamente sencilla. Por el contrario, los servicios diferenciados por el contenido de la petición, nos van a plantear un reto mayor. Vamos a ver cada caso con detenimiento.

Cómo hacerlo: servicios diferenciados por el tamaño de la petición

Pues en el caso de los servicios diferenciados por el tamaño de petición, dado que ya sabremos, en caso de tener logs, el número de peticiones por minuto o por segundo que necesitamos generar (ver *[tabla 4-9]*) lo único que necesitamos es conocer el tamaño mínimo, medio y máximo de las petición.

A partir de ellos podemos generar tantas peticiones como hayamos planificado por segundo, haciendo que oscilen entre esos tres valores, e incluso si lo deseamos, que superen en un factor dado el tamaño máximo de petición.

Para ejemplificarlo, vamos continuar con el ejemplo del SMTP que iniciamos en el capítulo 4.

En la *[tabla 5-16]* tenemos las consultas para calcular el número de bytes medios de un mensaje, en este caso 3.206.089/2.260, que serían *1.419 bytes*. El tamaño máximo de mensaje, que serían *2149 bytes* y el tamaño mínimo de mensaje que serían *418 bytes*.

```
# cat /var/log/maillog* | grep size | awk '{print $8}' | cut -d"=" -f2 |
tr "," "+"  |  tr -d "\n"  |  sed s/+$//g  |  bc -i  |  tail -n 1
3206089

# cat /var/log/maillog*  |  grep size  |  wc -l
2260

# cat /var/log/maillog* | grep size | awk '{print $8}' | cut -d"=" -f2 |
tr -d ","  |  sort -n  |  tail -n 1
2149

# cat /var/log/maillog* | grep size | awk '{print $8}' | cut -d"=" -f2 |
tr -d ","  |  sort -n  |  head -n 1
418
```

TABLA 5-16

Por tanto deberíamos diseñar una prueba que realizase 30 peticiones SMTP por minuto (ver *[tabla 4-9]*) y que cada petición se moviese entre los tamaños señalados.

Cómo hacerlo: servicios diferenciados por el contenido de la petición

Para los servicios diferenciados por el contenido de la petición la única posibilidad es analizar las diferentes peticiones que se realizan a ellos y seleccionar aquellas que consideremos más significativas, que es un poco el mismo caso de las peticiones HTTP.

Pero claro, con un matiz, un único SGDB o un único LDAP, que son los casos más representativos de esta problemática, pueden atender a decenas de aplicaciones diferentes. Y cada aplicación los puede usar de una manera distinta.

Ante esta situación sólo tenemos dos posibilidades:

- **Análisis de servicios:** Analizar uno a uno los servicios que acceden y elegir seleccionar peticiones como se ha visto en el caso de los servicios webs.

- **Diseño de peticiones básicas:** Diseñar un conjunto reducido de peticiones CRUD y valorar cuántas de esas peticiones podríamos atender, para luego cruzar esa información con el número de usuarios/peticiones globales que tenemos en los aplicativos que acceden a estos servicios no-web.

- Aplicar la *[observación 4-2]* y evaluar estos servicios en el entorno de producción haciendo que los usuarios generen carga indirecta, a través, de los aplicativos que usan estas infraestructuras y generando nosotros únicamente la carga adicional que necesitemos para el cometido puntual.

5.2 | Problemas habituales en la fase de diseño

A lo largo de la fase de diseño es muy común encontrarse con ciertas problemáticas, unas relativamente frecuentes y otras muy dependientes del servicio que estemos evaluando.

Sobre las dependientes del servicio este texto poco puede hacer por ayudar, salvo esperar que todo lo que hemos contando sirva para superar esos problemas.

En cambio, sobre las problemáticas habituales sí que podemos tratar de ver cómo resolverlas de la mejor manera posible. Eso sí, por un asunto de optimización, la construcción final de la solución se hará con *JMeter*. En caso de usar otra herramienta deberemos valorar si existe una solución equivalente, o si debemos construirla nosotros mismos.

Thinking-Time: tiempo entre peticiones

En el diseño de la prueba que hemos mostrado no hemos incluido lo que se conoce como *thinking time*, es decir, no hemos incluido ningún tiempo de espera entre peticiones.

Esto haría comportarse a la prueba como los ejemplos mostrados en el capítulo 3 sobre la herramienta *Apache Benchmark* y requeriría una posterior extrapolación de resultados en la fase final de análisis: calcular, con un posible error, cuántos usuarios simultáneos, que hacen pausas en su navegación durante N segundos, somos capaces de atender dado que atendemos un número P de peticiones por segundo, con una concurrencia C y un tiempo de respuesta T.

No obstante, se puede dar la circunstancia, relativamente frecuente, que no deseemos realizar extrapolaciones y que lo que queramos es que cada hilo concurrente se comporte como una sesión de usuario real; para ello, como vimos en el apartado de herramientas, en JMeter podemos hacer uso de temporizadores y en HTTPerf de la opción thinking-time.

Bien, sabemos que podemos hacerlo, ¿pero cómo hacerlo? ¿Cuánto tiempo se toman nuestros usuarios para *pensar* entre petición y petición?

La respuesta está, nuevamente, en el análisis de logs de usuario. En la *[tabla 5-17]* mostramos cómo obtener información sobre este asunto. La idea básicamente es filtrar todas aquellas peticiones que no provienen del usuario sino que forman parte de la cascada de peticiones posteriores a una petición de usuario (css, js, png, jpg, gif, ico, ...), agruparlas por dirección IP y mostrarlas. No obstante, por un asunto de privacidad y protección de datos personales, no podemos copiar aquí el resultado completo de la salida.

```
# cat access.log | grep -v "png\|jpg\|css\|js\|gif\|ico" | sort
```

TABLA 5-17

Por otra parte, lo que sí podemos decir, es que después de haber visto muchos *logs,* salvo los usuarios que están navegando en segundo plano (los que hacen peticiones cada varios minutos), los usuarios navegando en primer plano tardan entre 1 y 3 segundos en realizar una nueva petición tras completarse la carga de la anterior.

En el caso de JMeter, por tanto, el problema se resuelve colocando un temporizador aleatorio, con un retraso constante de un segundo y un retardo aleatorio de dos segundos. Se recomienda, de los temporizadores aleatorios seleccionar el uniforme, que nos ofrece la misma probabilidad de ocurrencia para todos los valores de desviación. Seleccionar una distribución de tipo *gaussiano* o de *Poisson* hará que la probabilidad de ocurrencia del suceso no sea homogénea y se adapte a la distribución elegida.

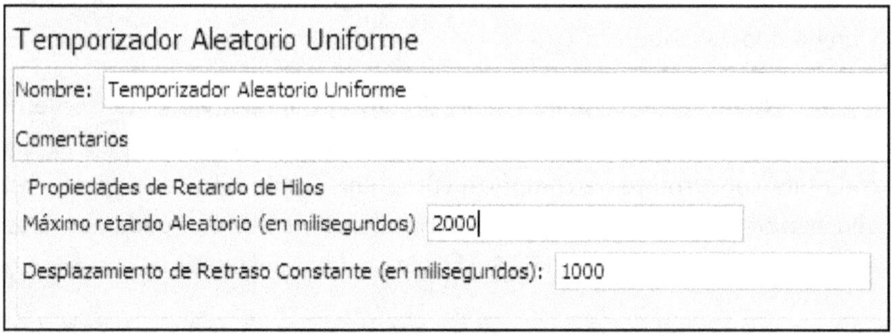

FIGURA 5-12

Autenticaciones múltiples

Otro problema que podemos encontrar de forma muy frecuente es la necesidad de autenticar con múltiples usuarios distintos. Para ello la recomendación más flexible es que creemos una tabla en formato CSV en formato *usuario;password* y que en JMeter hagamos uso del elemento de configuración *CSV Data Set*.

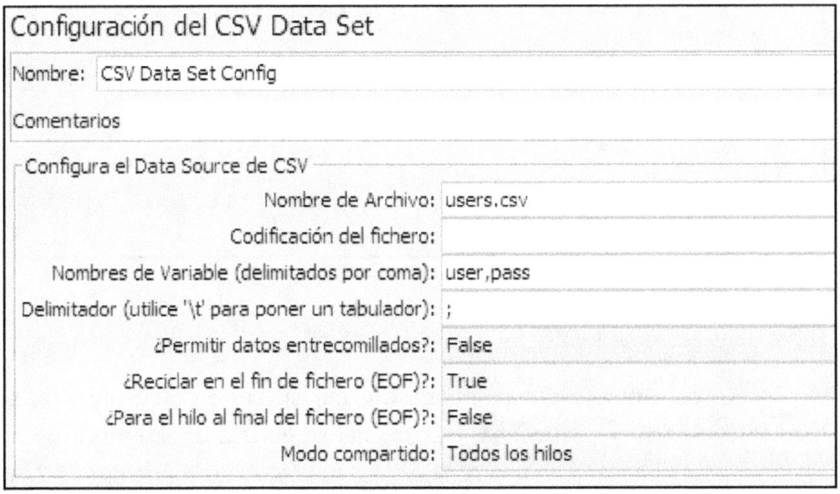

Configuración del CSV Data Set	
Nombre:	CSV Data Set Config
Comentarios	
Configura el Data Source de CSV	
Nombre de Archivo:	users.csv
Codificación del fichero:	
Nombres de Variable (delimitados por coma):	user,pass
Delimitador (utilice '\t' para poner un tabulador):	;
¿Permitir datos entrecomillados?:	False
¿Reciclar en el fin de fichero (EOF)?:	True
¿Para el hilo al final del fichero (EOF)?:	False
Modo compartido:	Todos los hilos

FIGURA 5-13

La *[figura 5-13]* muestra el uso de *CSV Data Set*, en ella podemos ver cómo se selecciona el fichero CSV que queremos usar, se indica qué variables van a recibir cada valor de cada campo (*user,pass*), el delimitador de los campos CSV y se queremos reiniciar el fichero cuando finalice o si queremos finalizar la prueba.

El resultado es que ahora dispondremos de dos variables ${user} y ${pass} que contendrán los valores de la primera línea del fichero CSV, en el momento que hagamos una petición con ellas, pasarán a contener el siguiente valor.

Para finalizar, la *[figura 5-14]* muestra cómo usar las dos variables en un proceso de autenticación. Básicamente lo que hacemos es en los campos *username* y *password* del formulario, en vez de usar valores fijos, colocamos las variables que almacenan los valores recogidos del CSV.

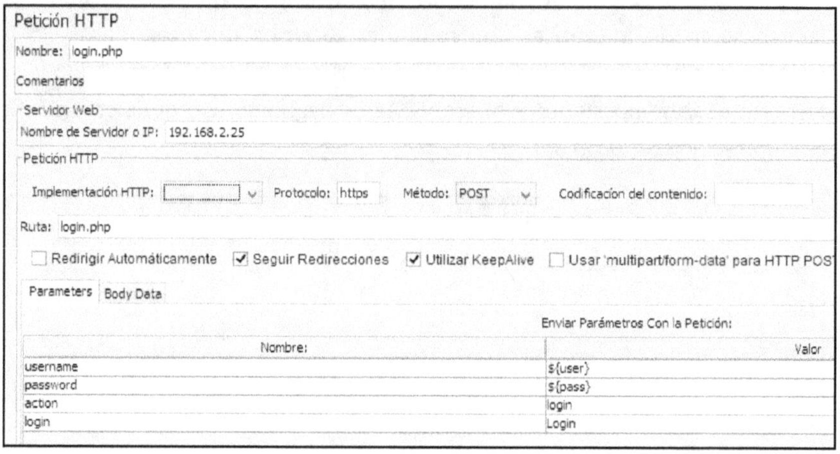

FIGURA 5-14

Autenticaciones *atípicas*

La autenticación más común de una aplicación, actualmente, es mediante usuario y contraseña, tras lo cual se genera un identificador de sesión que se almacena en una *cookie*. Y así fue como en el *[ejemplo 3-2]* se trató el proceso de autenticación.

No obstante, existen escenarios donde encontraremos otras autenticaciones que nos dificultarán un poco el proceso de evaluación. Las más comunes son:

- Uso de un parámetro en las peticiones GET/POST

- Autenticación con certificados SSL

- Autenticación con doble factor NO SSL

Parámetros adicionales en peticiones GET/POST

No podría deciros el motivo exacto, quizá exceso de creatividad, pero algunas aplicaciones además del identificador de sesión en la COOKIE optan por añadir también ese mismo identificador (u otro) a las peticiones.

De tal forma que cada petición GET/POST que hace el cliente se transforma en algo parecido a:

http://hosts/recurso?id=XXXXXXX

Ante esta situación es obvio que no nos sirve una autenticación convencional, porque el SID que acompaña a las peticiones se va a generar tras el primer login y, a partir de ese momento, aparecerá automáticamente en cada enlace contenido en las respuestas que nos dé el servicio.

Afortunadamente, JMeter incluye una funcionalidad que automáticamente soluciona el problema. Es un elemento de pre-procesado llamado *Parseador de enlaces HTML*.

Cuando añadimos un *Parseador de enlaces HTML* como elemento de preproceso a una petición HTTP (o a un conjunto de ellas) antes de realizar la petición, *JMeter,* de forma automática rellenará los parámetros de la misma en base a los enlaces encontrados en la respuesta anterior. En la *[figura 5-15]* muestra cómo se rellenaría el campo *id* de la nueva petición con la información de los enlaces de la respuesta HTML que anteriormente le ha dado la aplicación: *5375c17ad1b3b*.

FIGURA 5-15

Autenticación con certificados SSL

Otra situación que podemos encontrar es la necesidad de autenticar usuarios mediante certificado SSL. El procedimiento para hacerlo no es complicado, pero sí que requiere de unos cuantos pasos.

El primer paso es crear un *Java KeyStore* que contenga los certificados que queremos usar en la prueba, podemos usar más de uno.

```
keytool -importkeystore -destkeystore keystore.jks -srckeystore cert.p12 -srcstoretype pkcs12
```

TABLA 5-18

La creación del *keystore* nos solicitará la contraseña de importación de los certificados y la contraseña que queremos poner al *keystore*. Teóricamente no deberían ser la misma contraseña, pero utilizar contraseñas diferentes puede producir problemas, así que se recomienda que el *keystore* tenga la misma contraseña que los certificados importados.

Una vez tenemos el *keystore* creado sólo hay que cargarlo en JMeter. Para ello únicamente hay que invocarlo con las siguientes opciones:

```
-Djavax.net.ssl.keyStore=keystore.jks
-Djavax.net.ssl.keyStorePassword=XXXXXX
-Jhttps.use.cached.ssl.context=false
```

TABLA 5-19

A partir de aquí, JMeter, por defecto, utilizará en las comunicaciones SSL que requieran autenticación de cliente la primera key que encuentra en el *keystore*.

Esta configuración también afecta al proxy HTTP para capturar las peticiones, donde por defecto siempre utilizará el primer certificado almacenado.

No obstante, en las peticiones se puede seleccionar otra clave haciendo uso del elemento de configuración *Keystore Configuration*. El cual nos permite asociar qué certificado (índice) queremos usar en la petición.

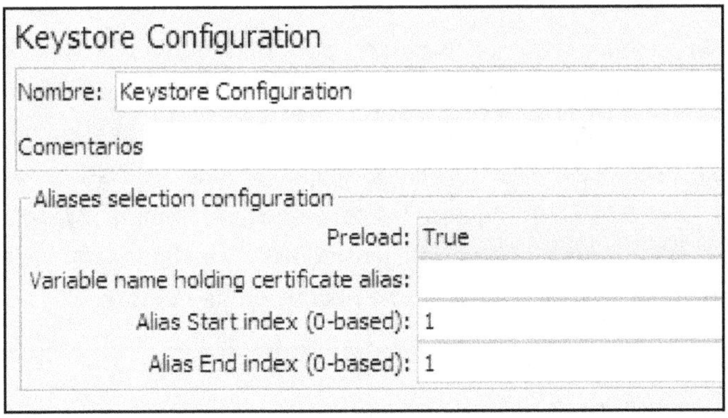

FIGURA 5-16

Autenticación doble factor NO SSL

Por último, también se puede dar la circunstancia de encontrar aplicativos que usen un doble factor de autenticación no basado en certificados (Tokens, SMS, …). Ante estos casos la única opción, que no implique entrar en el terreno de la *ciencia ficción,* es deshabilitar el doble factor de autenticación el tiempo que dure la prueba para los usuarios que vayamos a usar en ella.

Balanceo y clústers

El balanceo de carga y los servicios desplegados sobre clústers, son otros de los elementos que bajo determinadas circunstancias nos pueden causar pequeños inconvenientes.

La posibilidad, más avanzada, es que se realice un balanceo por identificador de sesión. En este caso podremos acceder sin problemas con el único requisito de iniciar una sesión y, posteriormente, gestionar correctamente su cookie, o el método que se haya usado para almacenar la sesión.

En cambio, existen otros métodos de balanceo de carga que pueden ser un poco más problemáticos: por IP y por DNS.

Si el balanceo se produce por IP, la solución será generar la carga de forma distribuida como se explicó en el capítulo 3.

Si el balanceo se produce por *DNS Round Robin*, es decir, contestando con una IP diferente en cada resolución DNS, es necesario modificar la configuración de JMeter para que no haga cacheo de las consultas DNS y de esta forma obtengamos una IP distinta ante cada petición. La *[tabla 5-20]* muestra los parámetros a añadir a *JMeter*. Hay que observar, eso sí, que se penaliza ligeramente el rendimiento puesto que se obliga ante cada petición a hacer una resolución de nombre.

networkaddress.cache.ttl=0
sun.net.inetaddr.ttl=0

TABLA 5-20

Otra solución, para estos casos puede ser generar las consultas para cada una de las IPs del clúster. Que aunque cierto es que hay que hacer tantas veces el trabajo como nodos tengamos, evita la penalización del rendimiento.

Medidas de seguridad

Dentro de la categoría *cosas que nos pueden dar problemas* las medidas de seguridad, si las tenemos, bien podrían encabezar la lista, no por frecuentes, sino por molestas.

Dentro de las muchas que nos podemos encontrar vamos a comentar las cuatro que más nos pueden afectar: filtros AntiCSRF, límite de sesiones de usuario, límites AntiDoS y filtros antiSPAM.

<u>Filtros AntiCSRF</u>

Los ataques CSRF (Cross-Site Request Forgery) son un tipo de ataque de cliente que se fundamentan en la posibilidad que desde una web maliciosa se fuerce al navegador de usuario a realizar acciones sobre una web en la que se encuentra autenticado.

El caso más claro es que visitemos una web y esta contenga un *iframe* oculto que nos obligase a hacer una petición, por ejemplo, así:

http://host/webmail/forwarding?action=add&email=bad@guy.com

Si en ese momento nos encontramos autenticados ante el host, el atacante nos estaría forzando, en este hipotético ejemplo, a añadir una dirección de forwarding a nuestra cuenta de correo electrónico que haría que los correos electrónicos que nos llegasen se le reenviaran.

Para evitar este tipo de ataques las aplicaciones, poco a poco, han incluido medidas de seguridad, y la más común es el uso de *tokens* que varían en cada petición. Es decir, la petición original se debería transformar en algo así:

http://host/webmail/forwarding?action=add&email=bad@guy.com &anticsrf=RANDOM_VALUE

Donde se incluiría un parámetro *anticsrf* que tendría un valor aleatorio en cada petición. Por tanto, salvo que el usuario haya legítimamente navegado por la web, es imposible conocer el valor de ese parámetro. El problema que esto nos causa es, desde el punto de vista del diseño, idéntico al de las autenticaciones que piden un parámetro adicional. Sólo que en las autenticaciones el SID es fijo y en las medidas AntiCSRF es variable. Afortunadamente, la solución es la misma: hacer uso del *Parseador de enlaces HTML (*o en casos complejos del extractor de expresiones regulares que al final de esta sección veremos cómo se usa*)* para en cada petición rellenar el valor del parámetro AntiCSRF con el enviado previamente por la web.

Límite de sesiones por usuario

El límite de sesiones es un problema que nos podemos encontrar y que consistirá en que un único usuario no puede tener más de un número de sesiones simultáneas en el sistema, habitualmente una.

Ante esta limitación la posibilidad más sencilla es o bien deshabilitar la medida de seguridad temporalmente o bien hacer uso de autenticación con múltiples.

Sistemas de detección de intrusos y DoS

El último de los problemas comunes que podemos encontrar son los IDS y las configuraciones para prevenir las denegaciones de servicio.

La solución al problema pasa por:

- Generar carga distribuida para que no se considere que una IP está intentado realizar una denegación de servicio.

- Deshabilitar el filtro IDS para la IP.

Filtros antiSPAM

Si realizamos una prueba de rendimiento a un servicio SMTP debemos ser muy cuidadosos con la dirección de destino de los correos electrónicos que utilizamos como contenido de la prueba.

Utilizar direcciones de proveedores públicos (gmail,hotmail,...) puede tener la consecuencia inmediata de acabar dentro de una lista negra de correo electrónico por envío de correo basura. Por otra parte, utilizar direcciones locales tiene el problema de no evaluar el sistema SMTP al completo.

Por tanto la recomendación es que a la hora de hacer una evaluación completa de un sistema SMTP configuremos un servidor de SMTP en nuestra propia red interna que utilizaremos como destino del correo electrónico que generemos desde el servidor evaluado.

Creación, actualización y eliminación de información

Como último elemento de esta lista de problemas comunes, vamos a tratar la que probablemente sea la cuestión que más frecuentemente nos produzca dolores de cabeza en el diseño de pruebas de rendimiento: la creación, actualización y eliminación de información dentro de los servicios evaluados.

¿Qué problemas plantea? Básicamente dos. Primero, ¿cómo realizar estas tareas dentro del entorno de producción?. Segundo, ¿cómo identificar la información creada/actualizada/eliminada?

Uso en producción

La ejecución de operaciones de creación, eliminación y actualización de información dentro del entorno de producción tiene sus riesgos. Negarlo es negar la realidad.

El riesgo más evidente y claro es la posibilidad de dejar la aplicación en un estado inusable: llena de datos de prueba, falta de información, ...

Por ello, la recomendación para entornos de producción que ya están en uso es limitar la creación, actualización de información a información totalmente dependiente del usuario y que no sea compartida por el resto de usuarios del aplicativo. Los casos más típicos son los datos de perfil de usuario (nombre, apellidos, dirección, ...) y las acciones privadas del usuario (registro, compra, reserva, ...).

No obstante, antes de lanzarse a alterar información de una aplicación en producción que está siendo usada, se debe realizar una prueba previa en preproducción que garantice que efectivamente lo que vamos a hacer es correcto y que los datos que modificamos no afectan a nadie más que los usuarios de *prueba*.

En última instancia, si es vital testar en producción un servicio en uso donde hay que modificar información que afecta a todos los usuarios deberemos seguir los siguientes pasos:

1. Cerrar el servicio al uso
2. Crear una copia de seguridad de la información
3. Realizar la prueba de rendimiento
4. Restaurar la información original

Identificación de la información creada

Independientemente del entorno, cuando llevamos a cabo operaciones de creación de información, ésta es identificada por un valor que cumple las condiciones de *clave primaria* y que será usado para cualquier operación posterior que se realice sobre esa información.

La *clave primaria* presenta dos posibles opciones. La primera de ellas es que la clave pueda ser creada por el usuario. Por contra, también es posible que la clave primaria sea creada por el sistema de información de manera automática y que ésta sea auto-incremental o no lo sea. La *[figura 5-17]* ilustra de manera gráfica las posibles situaciones.

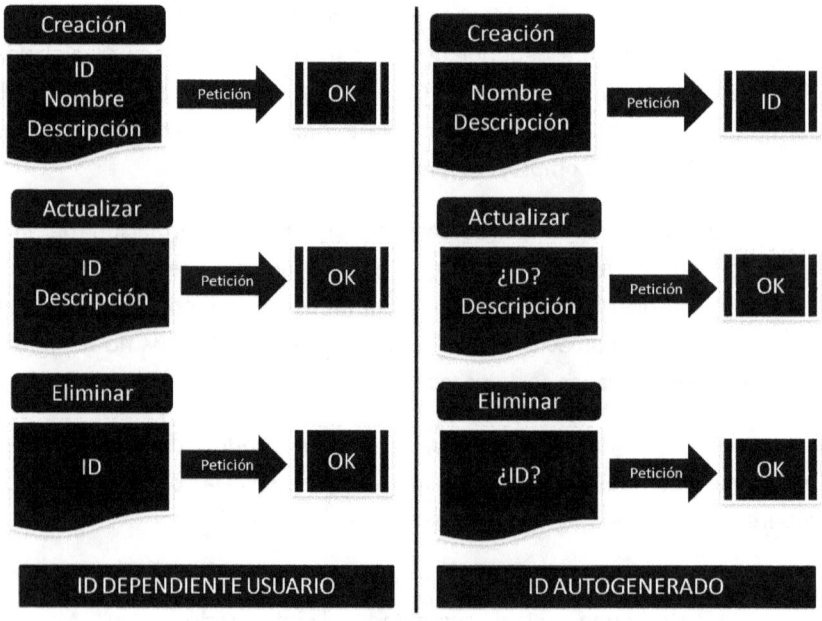

Figura 5-17

En caso que la *clave primaria* sea dependiente del usuario, el posterior tratamiento de esa información no plantea excesivos problemas. Antes de iniciar nuestra prueba conocemos qué claves vamos a generar, podemos introducirlas en un fichero CSV y operar con él de forma similar a la que hemos utilizado en el caso de las autenticaciones de usuario.

Ejemplos donde el control del identificador recaiga en el usuario puede ser crear productos cuyo identificador sea un *código de producto único*, usuarios en base a su DNI o la subida del fichero que nosotros queramos a un servicio FTP.

Sin embargo, en el momento en el que la clave primaria es generada por el sistema, aparece la necesidad de conocerla para poder realizar peticiones posteriores en base a ella.

El ejemplo más común y sencillo es que creemos cualquier nuevo valor y el sistema lo identifique por un ID auto-incremental.

Cuando la clave es auto-incremental, y no va a existir concurrencia de peticiones, la vía más sencilla es cerrar la aplicación a cualquier otra interacción, es decir, garantizar que nadie hace nada en la aplicación mientras dura la prueba y de esa forma podremos ser capaces de predecir qué IDs que se van a generar puesto que cada inserción incrementará el valor del identificador en 1. Por tanto podemos crear un fichero CSV donde tengamos valores id;dato1;dato2;dato3, etc. Leemos las filas, la insertamos y el sistema asignará un *id* que ya conocemos. A partir de aquí podemos interactuar usando la variable *id* obtenida del CSV.

El caso menos ventajoso es cuando hay concurrencia de peticiones con ID autoincremental (no se puede utilizar un fichero CSV porque se generan condiciones de carrera) o cuando las claves se generan siguiendo algún otro patrón no secuencial (p.ej. funciones *hash*).

Ante una situación como esta, la única posibilidad que tenemos es procesar la respuesta del servidor haciendo uso de la funcionalidad de post-procesado *Extractor de Expresiones Regulares* que provee *JMeter*. Este extractor procesa todas las respuestas del servidor extrayendo como variables aquellas partes que nos interesan.

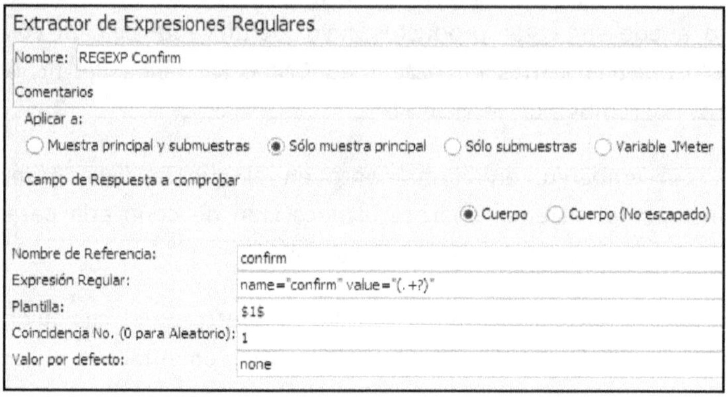

```
Extractor de Expresiones Regulares
Nombre: REGEXP Confirm
Comentarios
Aplicar a:
    ○ Muestra principal y submuestras   ● Sólo muestra principal   ○ Sólo submuestras   ○ Variable JMeter
Campo de Respuesta a comprobar
                                                        ● Cuerpo   ○ Cuerpo (No escapado)
Nombre de Referencia:        confirm
Expresión Regular:           name="confirm" value="(.+?)"
Plantilla:                   $1$
Coincidencia No. (0 para Aleatorio):  1
Valor por defecto:           none
```

FIGURA 5-18

En la *[figura 5-18]* podemos ver un ejemplo para la solución de *eLearning* de código libre más conocida, *Moodle*. Concretamente vemos la expresión regular que obtiene el código de confirmación para cualquier acción de eliminación de información que hagamos en el sistema.

Es decir, *Moodle*, cuando presionamos *eliminar* en cualquier sección (cursos, usuarios, ...) nos presenta un formulario de confirmación que contiene un campo oculto con un valor aleatorio variable en cada petición de eliminación que se haga. Si no conocemos ese campo, no podemos eliminar nada, aunque conozcamos el ID auto-incremental que queremos eliminar.

La *[figura 5-18]* muestra el uso final de ese valor extraído. En esta figura se muestra la petición de eliminación de un usuario del sistema. Para realizarla hacen falta 3 variables:

- El identificador auto-incremental del usuario ${id}. Puede provenir de expresión regular o de fichero CSV

- El parámetro ${sesskey} que actúa como clave adicional de sesión. Está contenido en un código JS y se extrae con expresión regular.

- El parámetro ${confirm} contenido en un campo *hidden* de un formulario y que también se extrae con expresión regular

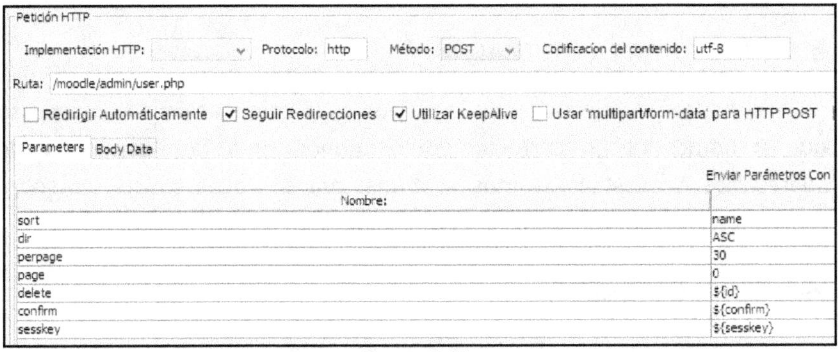

Petición HTTP

Implementación HTTP:	Protocolo: http Método: POST Codificación del contenido: utf-8
Ruta: /moodle/admin/user.php	

☐ Redirigir Automáticamente ☑ Seguir Redirecciones ☑ Utilizar KeepAlive ☐ Usar 'multipart/form-data' para HTTP POST

Parameters | Body Data

Enviar Parámetros Con

Nombre:	
sort	name
dir	ASC
perpage	30
page	0
delete	${id}
confirm	${confirm}
sesskey	${sesskey}

FIGURA 5-19

5.4 | EJECUTAR LA PRUEBA

La fase de ejecución de la prueba es la culminación de un proceso que si hemos hecho correctamente supondrá una fase sencilla y sin sobresaltos. No obstante, vamos a dar unas cuantas recomendaciones sobre los aspectos más importantes a tener en cuenta.

Supervisión del proceso

La fase de ejecución de la mayoría de las pruebas de rendimiento, salvo que se trate de una prueba de resistencia, duran unos cuantos minutos. Como mucho, suponiendo que se vayan a simular gran cantidad de usuarios y un periodo de crecimiento pausado la prueba puede durar unos treinta minutos. Éste tiempo debemos utilizarlo para supervisar y acometer las siguientes tareas de control:

- Desde otro equipo que no sea el que ejecuta la prueba, comprobar periódicamente el comportamiento del resto del sistema de información y verificar que no está siendo afectado por la prueba de rendimiento.

- Desde otro equipo que no sea el que ejecuta la prueba, comprobar periódicamente el comportamiento del servicio evaluado. Verificar que continúa activo y atendiendo peticiones.

- Observar los *logs* del proceso y el comportamiento de la herramienta para detectar anomalías que puedan llevar a un resultado poco preciso o erróneo.

Comunicación del inicio y el fin

No importa que el proceso esté planificado y notificado Es recomendable que unos 15 minutos antes de comenzar la prueba, sobre todo si es en el entorno de producción, se comunique entre a todos los afectados el inicio de la misma. De la misma forma se debe notificar el fin.

Evaluación rápida

Es importante hacer una evaluación inmediata de la prueba y ver si el resultado que obtenido es coherente.

Serán resultados incoherentes situaciones como las siguientes:

- Registro de resultados ausente o con pocas peticiones.

- Valores anormales en los resultados. Por ejemplo encontrar gran número de tiempos de respuesta a 0.

- Errores en los logs de la herramienta de evaluación.

- Valores de respuesta elevados mientras que se ha podido usar el servicio evaluado sin problemas.

- ...

Cualquiera de estas situaciones debería llevar a la evaluación del incidente y a la repetición de la prueba.

Repeticiones

Siempre que sea posible realiza, al menos, dos repeticiones de la prueba y compara los resultados conforme se producen.

En caso de que no sean homogéneos, se deberá investigar las causas de la divergencia.

Gestión adecuada del crecimiento de usuarios

Se debe gestionar correctamente el crecimiento de los usuarios, evitando la creación de cuellos de botella en el cliente.

No es recomendable la creación de más de un nuevo 1 usuario (*thread*) por segundo. Es recomendable dejar transcurrir entre 2 y 3 segundos por usuario.

Una vez se ha llegado al número de usuarios deseado es recomendable prolongar la prueba durante varios minutos para conseguir la estabilización del servicio y del número de peticiones.

Registro de resultados

Cuando únicamente se va a realizar una prueba el registro de resultados posiblemente suponga la creación de uno o dos ficheros CSV. Sin embargo, si en un mismo día se van a realizar varias pruebas es muy importante ser metódicos en el registro de los resultados. Serán buenas prácticas a tener en cuenta las siguientes:

- Utilizar nombres claros y descriptivos

- Crear una estructura de directorio que los separe

- Crear un índice con la descripción de cada fichero y a qué prueba corresponde.

5.5 | Problemas comunes en la fase de ejecución

La fase de ejecución, insistimos, no debe ser excesivamente conflictiva. No obstante hay dos situaciones que con relativa frecuencia se nos pueden presentar: congestión del cliente, congestión/caída del servicio y congestión/caída de elementos de infraestructura.

Congestión del cliente

La congestión en el cliente se detecta a partir del gráfico de resultados de la prueba. Si el gráfico muestra una caída de rendimiento en el servicio, pero en la tarea de control se ha podido utilizar el servicio sin síntomas de congestión, la congestión se ha producido en el equipo cliente.

Es importante recordar que la generación del gráfico, precisamente para evitar la congestión del cliente, debe ser posterior al fin de la prueba.

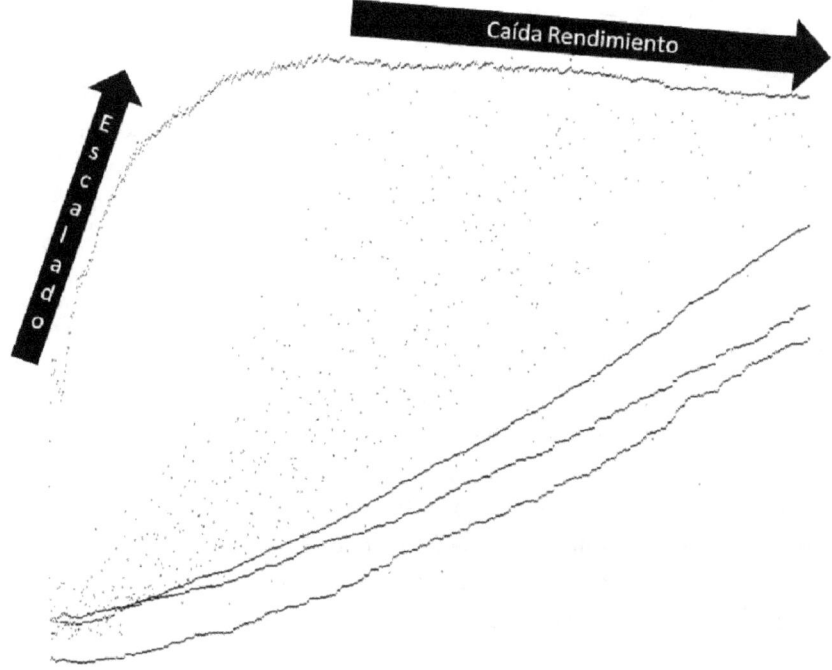

Figura 5-20

En caso de problemas de congestión en el cliente deberemos proceder a distribuir la prueba entre varios sistemas.

Congestión/caída del servicio evaluado

Salvo que estemos ejecutando en una prueba de *stress* donde nos interese el punto de ruptura exacto del servicio no hay razón para que llevar el servicio a una caída por exceso de congestión.

Para evitarlo deberemos tener en cuenta los siguientes aspectos:

- **Crecimiento pausado de usuarios:** Es importante crear los usuarios dejando un intervalo de varios segundos entre ellos. De esta forma podremos evaluar el comportamiento del servicio mientras se ejecuta la prueba y finalizarla en caso de que el servicio se vuelva inusable. Para la gran mayoría de los casos será información suficiente.

- **Supervisión de la prueba:** Es necesario controlar el fichero de resultados de la prueba. Una opción es el uso del comando *tail -f* que nos permite hacer un seguimiento de las nuevas líneas que se añaden a un fichero. En el momento que aparezca una cantidad de errores significativa se puede dar por concluida la prueba.

- **Utilización del servicio:** Aunque muy obvio, es un método muy efectivo. Utilizar el servicio mientras se realiza la prueba es una de las mejores formas de anticiparse a una caída.

- **Monitorización:** En caso de que dispongamos de elementos de monitorización y siempre que estos tengan tiempos de actualización de datos rápidos, podemos hacer uso de ellos para anticiparnos a caídas.

Congestión/caída de infraestructura asociada

Esta situación, sin duda, es la más indeseable de todas. Una caída del SGDB, del servicio LDAP o de un elemento de red común puede suponer un perjuicio para un número elevadísimo de usuarios.

Por ello debemos tener en cuenta los siguientes aspectos, algunos de ellos equivalentes al caso del propio servicio evaluado:

- **Crecimiento pausado de usuarios:** Es importante crear los usuarios dejando un intervalo de varios segundos entre ellos. De esta forma podremos evaluar el comportamiento de otros elementos del sistema de información mientras se ejecuta la prueba y finalizarla en caso de que se aprecie congestión.

- **Utilización de otros servicios y elementos del sistema de información:** Volvemos a insistir que esta es una tarea de control básica y una de las mejores maneras de anticipar una caída del sistema. Ejecutar autenticaciones desde otros servicios o consultar otros entornos que hagan uso de SGDB son tareas sencillas, pero muy útiles.

- **Monitorización:** Al igual En caso de que dispongamos de elementos de monitorización y siempre que estos tengan tiempos de actualización de datos rápidos, podemos hacer uso de ellos para anticiparnos a caídas.

Análisis de resultados | 6

El último paso. Ciento setenta y siete páginas hasta llegar a él. Páginas que espero hayan merecido la pena. Venimos de un capítulo cinco donde nos hemos enfrentado al *caótico* diseño, con diferencia la fase donde debemos tomar menos decisiones guiadas, para aterrizar en un proceso que en esencia, usando la herramienta adecuada, es relativamente sistemático.

El análisis de resultados tiene por objetivos fundamentales los siguientes aspectos:

- El primero es determinar si existe algún error en el servicio que se presente ante la carga que se ha planificado y que lleve a la caída o degradación brusca del servicio.

- El segundo, en caso de que no existan errores que lleven a la caída o degradación abrupta del servicio, es determinar si el servicio escala de forma adecuada y no entra en una fase de degradación progresiva por falta de capacidad para atender la carga de peticiones seleccionada.

- Finalmente, si no se dan ninguna de las circunstancias anteriores, determinar si las métricas obtenidas en la prueba, sean externas o internas, están dentro de unos valores aceptables, bien para el usuario en el caso de métricas externas, bien para nosotros mismos en el caso de tratarse de métricas internas.

Para lograr estos objetivos vamos a tratar los siguientes puntos dentro del capítulo:

- ✓ **La normalidad y la evaluación de métricas.** ¿Cómo saber que una prueba de rendimiento no presenta anormalidades y que por tanto podemos pasar a evaluar las métricas?

- ✓ **La anormalidad.** ¿Qué tipos de anormalidad existen? ¿Cómo diferenciarlos? ¿Cómo detectar la falta de capacidad de un servicio? ¿Y un error?

- ✓ **Extrapolación de datos.** ¿Cómo saber qué sucederá con la aplicación al pasar del entorno de preproducción al entorno de producción donde dispone del doble de CPU y de cuatro veces más RAM? Por otra parte, ¿si he determinado que mi aplicación atiende a 50 usuarios concurrentes sin *thinking-time* con un tiempo de respuesta de 300ms a cuántos usuarios simultáneos reales con *thinking-time* puedo atender?

- ✓ **Errores y optimización.** ¿Cuáles son los errores más frecuentes? ¿Cómo corregirlos? ¿Cuál puede ser una estrategia acertada de optimización de servicios?

6.1 | LA NORMALIDAD EN EL RENDIMIENTO

Lo más importante que debemos saber sobre la normalidad en el rendimiento IT es que es un *aburrido* conjunto de líneas rectas.

La obtención final de líneas rectas en las métricas que se obtienen de una prueba de rendimiento es el patrón gráfico que distingue un servicio que tras la fase de crecimiento de usuarios no está congestionando y está atendiendo las peticiones de forma sostenida.

Las métricas externas que tomaremos como referencia serán: número de peticiones atendidas por intervalo de tiempo (p.ej. minuto), el tiempo medio de respuesta y el tiempo mediano de respuesta.

Nuevamente, para la realización de estas tareas de evaluación existen infinidad de formas de obtener gráficos e indicadores, no obstante, por simplicidad y homogeneidad, nosotros seguiremos usando *JMeter* como herramienta de evaluación de resultados. En la libertad de cada uno está usar una hoja de cálculo que también puede servir para el mismo propósito. Aunque la construcción de ciertos indicadores puede no ser tan inmediata, requerir de pre-procesado previo de los ficheros de resultado y de un conocimiento avanzado de las posibilidades que brindan las hojas de cálculo.

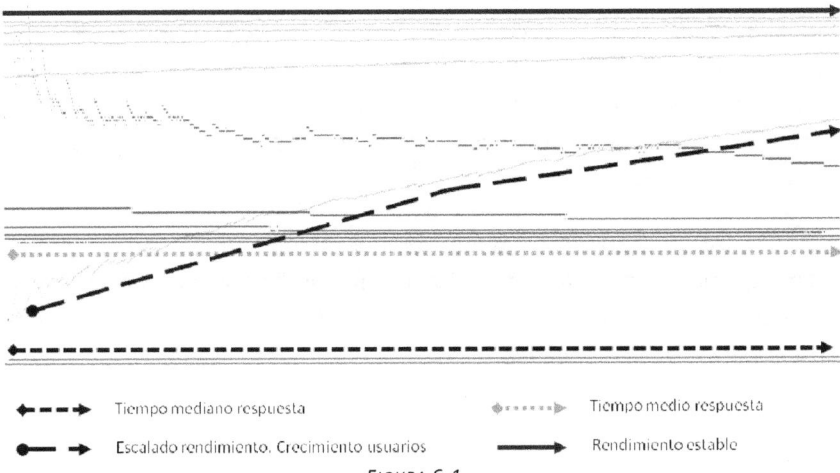

FIGURA 6-1

La normalidad es el resultado deseable en todos los tipos de pruebas de rendimiento (carga, resistencia, ...) con una salvedad: las pruebas de stress.

En las pruebas de stress, el resultado buscado es justo el contrario: la búsqueda de la anormalidad en un entorno controlado. Para ser concretos, determinar el punto y las causas en las cuáles se produce.

La *[figura 6-1]* muestra el gráfico que se obtiene tras cargar el fichero de resultados de una prueba de rendimiento sin anormalidades en el componente *Gráfico de Resultados* de *Jmeter*.

Sobre el gráfico hemos pintado una serie de líneas: *escalado rendimiento* y *rendimiento estable* (representadas ambas por la métrica *número de peticiones/minuto*), *tiempo mediano respuesta* y *tiempo medio respuesta*.

La línea ascendente marcada como *escalado rendimiento* indica el periodo de la prueba en el que el número de usuarios ha ido creciendo de forma progresiva. En ese intervalo de tiempo se ha incrementado el número de peticiones por minuto al servicio y, en consecuencia, el servicio ha respondido de forma adecuada facilitando un mayor rendimiento.

Una vez que hemos llegado al número de usuarios fijado en la prueba se entra en la fase de estabilidad marcada como *rendimiento estable*. Es un periodo de la prueba donde el servicio no tiene que incrementar su rendimiento, pero sí que debe ser capaz de mantenerlo estable en el número de peticiones por minuto necesario para atender a los usuarios sin crear congestión.

Las otras dos líneas: tiempo medio y tiempo mediano de respuesta, también muestran linealidad, indicando que no hay oscilaciones en ellos y que por tanto el servicio está respondiendo a todas las peticiones de usuario de forma homogénea.

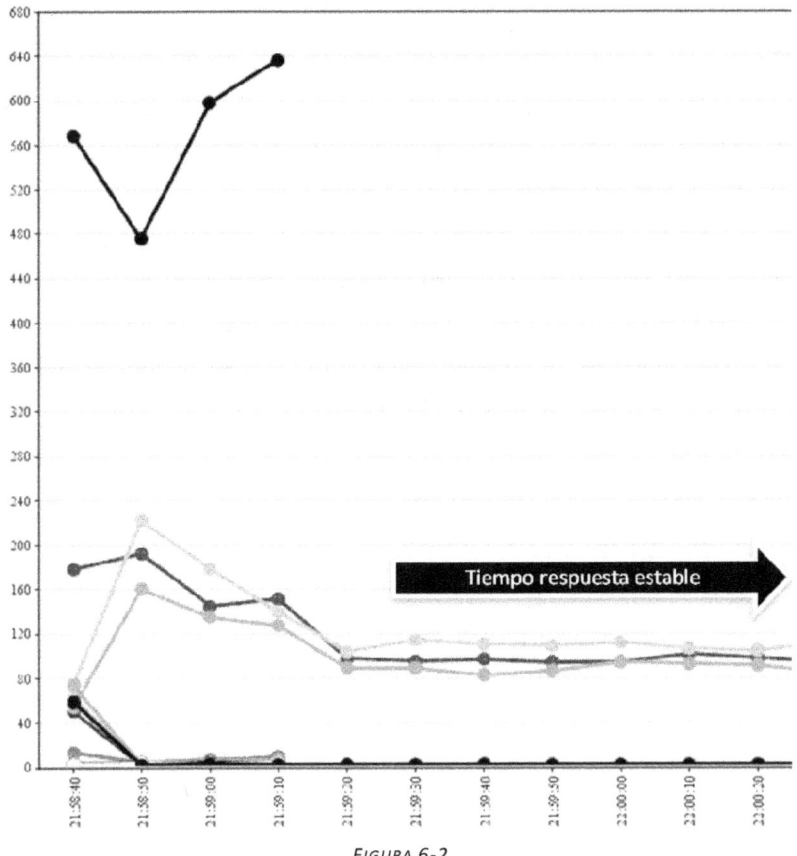

FIGURA 6-2

La **[figura 6-2]** muestra otro indicador bastante fiable de la normalidad, el tiempo de respuesta de las peticiones que se obtiene de cargar el mismo fichero de resultados anterior en el componente *Response Time Graph* de *Jmeter*.

Cuando nos encontramos en un escenario sin anormalidades y una vez alcanzada la fase de estabilidad en el número de usuarios simultáneos/concurrentes, el tiempo de respuesta debe mantenerse estable y sin cambios significativos.

Finalmente, una vez hemos verificado que estamos en una prueba sin anormalidades podemos pasar a la evaluación de las métricas obtenidas:

tiempo medio de respuesta, tiempo mediano de respuesta, tiempo mínimo de respuesta, tiempo máximo de respuesta, porcentaje de errores, etc. La ***[figura 6-3]*** hace uso del componente de *JMeter* denominado *Reporte Resumen* donde se nos muestra cada uno de esos indicadores para cada una de las peticiones realizadas.

Es importante recordar la necesidad de distinguir, en caso de que se hayan realizado peticiones estáticas, que sus tiempos de respuesta van a ser normalmente inferiores a los de las peticiones dinámicas, pero en cambio, la experiencia de usuario va a venir determinada por el rendimiento de las peticiones dinámicas y por ello debe priorizarse su valoración.

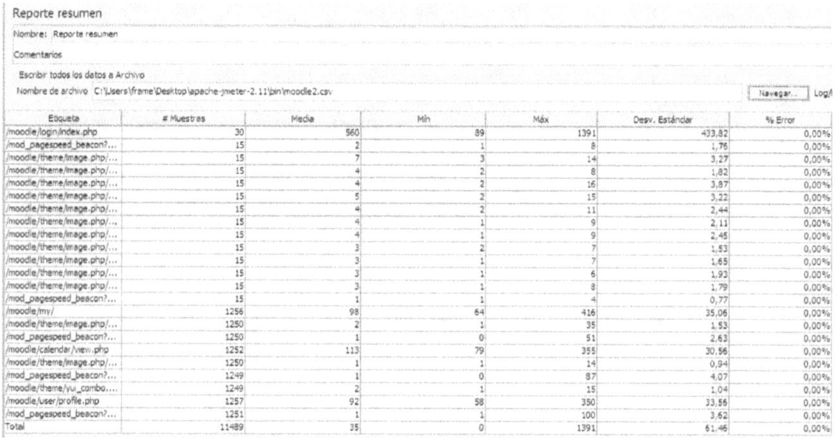

Reporte resumen

Nombre: Reporte resumen

Comentarios

Escribir todos los datos a Archivo

Nombre de archivo C:\Users\frame\Desktop\apache-jmeter-2.11\bin\moodle2.csv Navegar... Log/

Etiqueta	# Muestras	Media	Mín	Máx	Desv. Estándar	% Error
/moodle/login/index.php	30	560	89	1391	433,82	0,00%
/mod_pagespeed_beacon?...	15	2	1	8	1,76	0,00%
/moodle/theme/image.php/...	15	7	3	14	3,27	0,00%
/moodle/theme/image.php/...	15	4	2	8	1,82	0,00%
/moodle/theme/image.php/...	15	4	2	16	3,87	0,00%
/moodle/theme/image.php/...	15	5	2	15	3,22	0,00%
/moodle/theme/image.php/...	15	4	2	11	2,44	0,00%
/moodle/theme/image.php/...	15	4	1	9	2,11	0,00%
/moodle/theme/image.php/...	15	4	1	9	2,45	0,00%
/moodle/theme/image.php/...	15	3	2	7	1,53	0,00%
/moodle/theme/image.php/...	15	3	1	7	1,65	0,00%
/moodle/theme/image.php/...	15	3	1	6	1,93	0,00%
/moodle/theme/image.php/...	15	3	1	8	1,79	0,00%
/mod_pagespeed_beacon?...	15	1	1	4	0,77	0,00%
/moodle/my/	1256	98	64	416	35,06	0,00%
/moodle/theme/image.php/...	1250	2	1	35	1,53	0,00%
/mod_pagespeed_beacon?...	1250	1	0	51	2,63	0,00%
/moodle/calendar/view.php	1252	113	79	355	30,56	0,00%
/moodle/theme/image.php/...	1250	1	1	14	0,94	0,00%
/mod_pagespeed_beacon?...	1249	1	0	87	4,07	0,00%
/moodle/theme/yui_combo....	1249	2	1	15	1,04	0,00%
/moodle/user/profile.php	1257	92	58	350	33,56	0,00%
/mod_pagespeed_beacon?...	1251	1	1	100	3,62	0,00%
Total	11489	35	0	1391	61,46	0,00%

FIGURA 6-3

Llegados a este punto será tarea de los responsables de la prueba, en base a la planificación realizada, determinar si esas métricas satisfacen los requisitos marcados o no los satisfacen. Algo que dependerá totalmente del escenario y de la petición concreta. Porque como dijimos en el primer capítulo y ahora volvemos a repetir: esperar 10 segundos para generar el histórico de movimientos bancarios de los últimos dos años puede ser un tiempo razonable, en cambio, esperar 5 segundos los resultados de una búsqueda puede ser una experiencia de usuario desastrosa.

El límite de la normalidad

Puntualmente, podemos encontrarnos en situaciones donde aunque detectemos un patrón que indica que no existe congestión, estemos en el límite de rendimiento del sistema. Es decir, en el punto donde si se aumentase la carga empezaría a congestionarse el servicio y a deteriorarse progresivamente el rendimiento.

Existe un patrón gráfico para determinar este punto: la anchura de las líneas. Cuando el sistema escala de forma adecuada y no está congestionado las líneas están compactas entre ellas. Véase el caso de la **[figura 6-1]** y **[figura 6-2]**.

En cambio, si vemos la **[figura 6-4]** observaremos que aunque el patrón de tiempos de respuesta es una línea recta, hay una distancia muy apreciable entre la cota inferior y superior, debido a tiempos de respuesta oscilantes.

En una situación como esta se recomienda prolongar la prueba para determinar si el patrón se mantiene, y estaríamos efectivamente en un umbral límite o si por el contrario el servicio va a entrar en una fase de degradación.

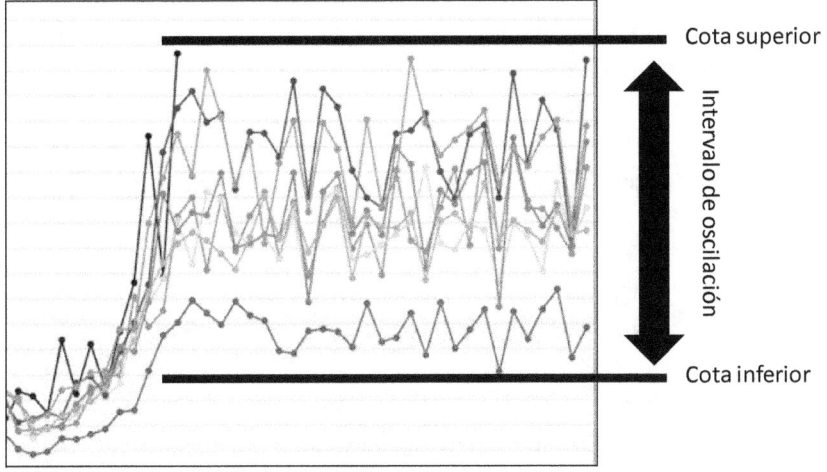

FIGURA 6-4

6.2 | LA ANORMALIDAD EN EL RENDIMIENTO

Si la normalidad son líneas rectas, la anormalidad son líneas que bajan o que suben, cuando deberían hacer justo lo contrario o no hacer nada.

Por ello consideremos patrones gráficos anormales aquellos que presente las siguientes características:

- Descensos, más o menos bruscos, en la línea que contiene la métrica de rendimiento del servicio: número de peticiones atendidas por unidad de tiempo.

    ¿Por qué se considera una anormalidad? Porque un servicio que escala correctamente debe aumentar su rendimiento (número de peticiones atendidas por unidad de tiempo) cuando el número de usuarios crece. De la misma forma un servicio no congestionado debe mantenerlo estable si el número de usuarios se mantiene constante.

- Ascensos, más o menos bruscos, en los valores estadísticos de los tiempos de respuesta sin que exista aumento del número de usuarios.

    ¿Por qué se considera una anormalidad? Porque un servicio no congestionado debe mantener estable el tiempo de respuesta de las peticiones.

- Ascensos, más o menos bruscos, en los valores estadísticos de errores en las respuestas.

    ¿Por qué se considera una anormalidad? Porque un servicio no congestionado debe mantener una tasa de error próxima a 0.

Por otra parte, la anormalidad tiene dos causas raíces diferentes y que trataremos de forma independiente en esta sección: la derivada de una congestión progresiva por falta de capacidad para atender peticiones o la derivada de la existencia de un error en el servicio.

Anormalidad derivada de congestión/falta de capacidad

El rendimiento anormal derivado de una congestión o falta de capacidad, gráficamente se identifica por un descenso progresivo y constante del número de peticiones atendidas por el servicio (aunque no haya un descenso del número de usuarios) y un aumento progresivo y constate de los tiempos de respuesta.

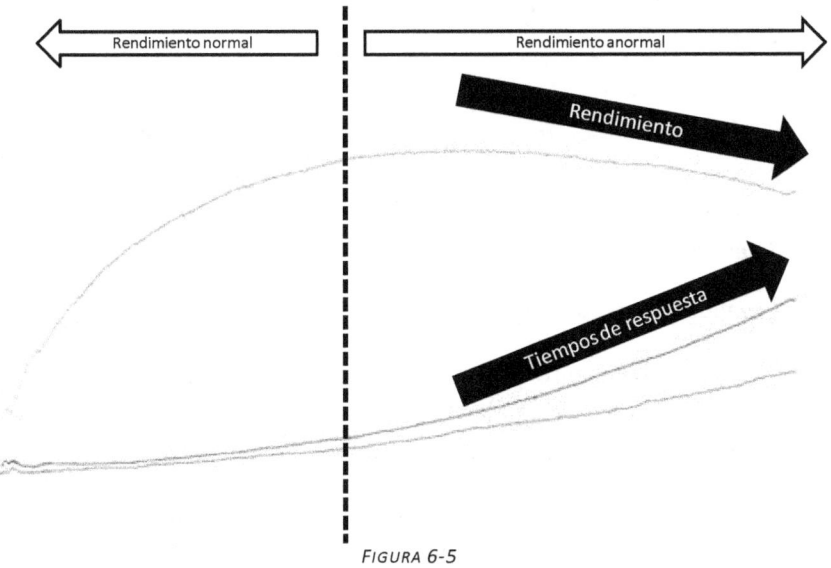

FIGURA 6-5

La *[figura 6-5]* muestra el gráfico que se obtiene tras cargar el fichero de resultados de una prueba de rendimiento que presenta congestión en el componente *Gráfico de Resultados* de *Jmeter*.

Es sencillo identificar cómo los tiempos de respuesta, a partir de un punto comienzan a aumentar de forma clara, mientras que el número de peticiones atendidas por el servicio comienza a disminuir.

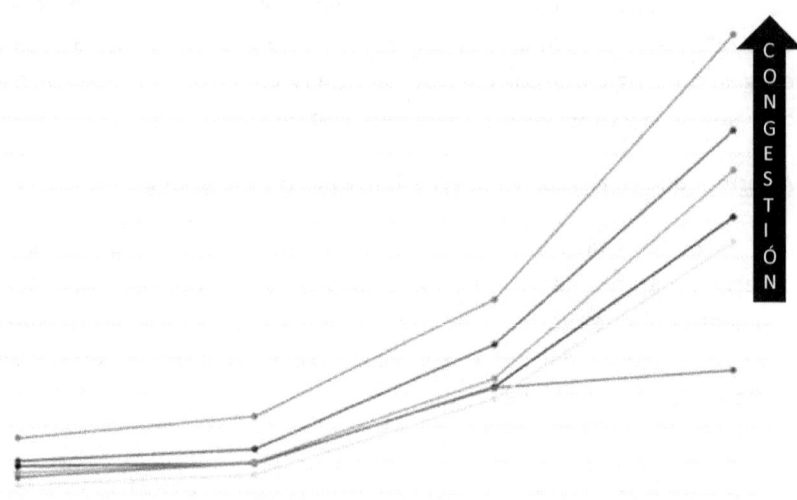

Figura 6-6

La *[figura 6-6]* muestra el crecimiento del tiempo de respuesta de las peticiones que se obtiene de cargar el mismo fichero de resultados el anterior en el componente *Response Time Graph* de *Jmeter*. Otro indicador de congestión, siempre que no estén aumentando los usuarios.

Anormalidad derivada de errores

Si el rendimiento anormal, derivado de una congestión o falta de capacidad, gráficamente se identifica por cambios progresivos, el causado por errores se caracteriza por ser abrupto.

Es decir, el indicador gráfico que encontraremos ante un error será un cambio en las líneas de peticiones atendidas y tiempo de respuesta muy acusado.

Cuando se presentan errores la consecuencia es la denegación del servicio: la incapacidad del servicio de atender nuevas peticiones. Esta incapacidad puede ser transitoria o permanente, en función de si el error causa la caída total del servicio o no lo hace.

A esta situación de degradación abrupta del rendimiento se puede llegar de dos formas diferentes.

La primera, y en la que centraremos nuestra atención, es la que se produce tras una fase de normalidad que, de forma imprevista, tras un producirse el error desencadena una fase anormal de rendimiento.

La segunda es la caída del servicio después de un periodo prolongado de congestión/falta de capacidad. No obstante, ese caso no será el evaluemos, puesto que, a efectos prácticos, es la evolución natural del incremento de la congestión.

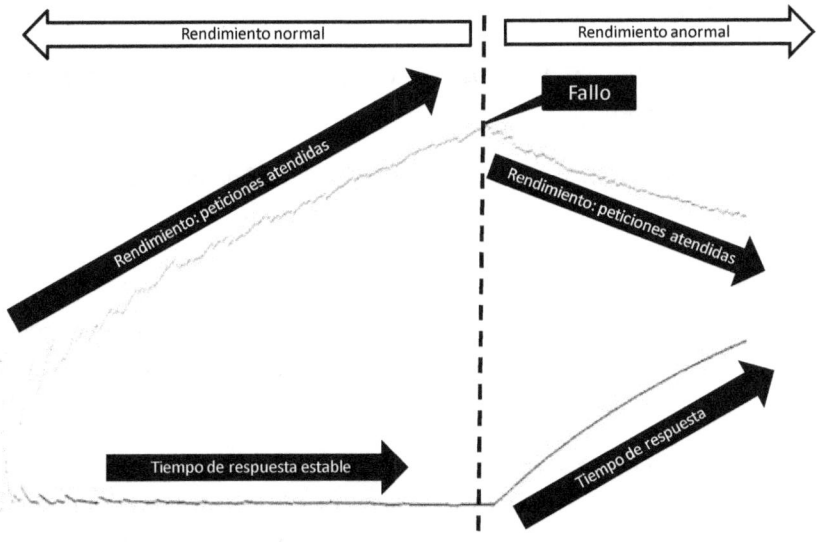

Figura 6-7

La *[figura 6-7]* muestra el gráfico que se obtiene tras cargar el fichero de resultados de una prueba de rendimiento que presenta un error en el componente *Gráfico de Resultados* de *Jmeter*.

En el gráfico podemos comprobar cómo de forma imprevista, tras un periodo de rendimiento normal, donde el servicio ha escalado de forma adecuada al crecimiento de usuarios y ha mantenido el tiempo de respuesta estable, algún problema en el servicio, derivado generalmente del incremento del número de usuarios concurrentes (agotamiento de pools de conexiones, interbloqueos en ficheros, condiciones de carrera, ...) causa un punto de denegación de servicio.

6.3 | Rendimiento: errores y optimización

Sabemos, porque lo comentamos en el anterior capítulo que hay unas funciones que son propensas a los problemas de rendimiento.

Estos errores pueden ser bien derivados de una excesiva congestión (los denominados cuellos de botella) en la infraestructura IT, bien derivados de la realización de determinadas acciones erróneas contraproducentes para el correcto escalado de un sistema.

Los puntos conflictivos que comentamos en el capítulo anterior eran los siguientes:

- Funciones CRUD (Create, Read, Update, Delete) sobre las diferentes capas de de información: memoria, disco, bases de datos, servicios remotos, ...

- Funciones de complejidad igual o peor en $O(n^2)$ con n variable, no acotado y creciente en función de aspectos externos: usuarios, tiempo, uso...

Vaya por delante, antes de profundizar en esta sección que la optimización de servicios IT daría para escribir otro libro, o quizá dos. Por tanto lo que aquí se cuenta no pretende ser el mayor compendio sobre optimización de sistemas IT, sin embargo sí que pretenden ser unas pinceladas estratégicas sobre qué priorizar y cómo hacerlo.

El primer paso: no implementar acciones erróneas

El primer paso, fundamental, para optimizar el sistema IT debe empezar por la eliminación de determinadas acciones erróneas en la implementación de servicios, tanto en el diseño de las acciones CRUD, como en la complejidad de las funciones.

Por ello el primer paso es conocer cuáles son las acciones erróneas más comunes para poder corregirlas. Vamos a identificar, por tanto, las más comunes en acceso a bases de datos, acceso a otros servicios, gestión de las capas de persistencia locales y complejidad.

Conexiones a base de datos

- No limitar el número máximo de conexiones a la base de datos, provocando su congestión y posible caída.

- No reutilizar conexiones, generando nuevas conexiones de forma innecesaria.

- No cerrar adecuadamente la sesión, manteniendo conexiones abiertas y sin uso.

- No utilizar un *pool de conexiones* como mecanismo de gestión de las conexiones la base de datos garantizando de esta forma la reutilización, el límite de conexiones y su adecuada gestión.

- No gestionar adecuadamente los tiempos máximos de espera (*timeout*), alargando el tiempo de respuesta de forma innecesaria.

Conexiones a otros servicios Web y NO-Web.

- No implementar mecanismos de cacheo intermedios generando peticiones innecesarias y alargando los tiempos de espera. Ej.: solicitar una misma información remoto en sucesivas ocasiones en vez de generar una copia local y comprobar únicamente si ha sido modificada.

- Usar de protocolos de comunicación poco eficientes para la realización de tareas para las que existen protocolos optimizados, generando una sobrecarga en el servicio. Ejemplo: usar protocolo HTTP para la transmisión de ficheros de gran tamaño entre sistemas en lugar de utilizar soluciones como NFS/CIFS/etc.

- No cerrar adecuadamente el canal de comunicación, manteniendo conexiones abiertas y sin uso.

- No gestionar adecuadamente los tiempos máximos de espera (*timeout*), alargando el tiempo de respuesta de forma innecesaria.

Gestión de las capas de persistencia locales

- No limitar el tamaño máximo de información por sesión de usuario, impidiendo el control efectivo de la cantidad de memoria local usada.

- Almacenar como parte de la sesión de usuario información excesiva o que, por tamaño, debería ser almacenada en disco.

- No gestionar correctamente el cierre de sesión del usuario de tal forma que se garantice la eliminación de los contenidos de sesión que no son necesarios en el sistema.

- Compartir concurrentemente ficheros locales que requieren acceso de escritura, causando problemas de bloqueo o de condiciones de carrera.

Otros errores

- Importación de funciones, objetos, librerías o clases que nunca son usadas.

- Generación de información de depuración excesiva, no graduable y que no permite ser deshabilitada.

- Uso de algoritmos con complejidad cuadrática, o peor, para realizar funciones para las que existen algoritmos más óptimos.

- Uso de consultas pesadas a sistemas externos (SGDB, LDAP, ...) que pueden ser resueltos mediante dos consultas simples y una función de complejidad lineal local.

El segundo paso: optimizar los servidores

El segundo paso en importancia a la hora mejorar el rendimiento del sistema IT es la optimización de los servidores con conforman la infraestructura IT en la que se despliegan nuestros servicios.

El proceso de optimización de servidores, normalmente es descrito por cada uno de los fabricantes, o en su defecto por terceros, y permite adaptar las configuraciones genéricas ofrecidas a escenarios de alta demanda de rendimiento.

Actualmente existen guías de optimización de rendimiento para prácticamente todos los productos comunes que podemos encontrar en cualquier infraestructura IT: servidores web, servidores de aplicación, bases de datos, ...

El paso final: dimensionar adecuadamente

Una vez hayamos desterrado las acciones erróneas en la implementación de servicios y optimizado los servidores de nuestra infraestructura IT es el momento en el que podremos determinar si la capacidad de nuestra infraestructura es el adecuado o no lo es para la calidad de servicio que deseamos ofrecer.

Por ello, si después de haber dado los dos primeros pasos, nuestro rendimiento no es el que deseamos, entonces es que nuestra infraestructura no tiene la capacidad necesaria, y deberemos redimensionarla hasta adecuarla a nuestras necesidades.

6.4 | Extrapolar datos de rendimiento

Extrapolar datos de rendimiento es una de las formas más seguras de acabar despedido o, al menos, abroncado por un superior. Esto siempre hay que tenerlo en mente cuando hablemos de extrapolación.

Por ello, extrapolar datos puede estar bien para consumo interno, pero hay que tener muchísimo cuidado con las afirmaciones que hacemos a partir de extrapolaciones.

Saber que respondemos a 25 usuarios simultáneos en 500ms en un servidor con 2GB de RAM y 2 núcleos, no significa que podamos asegurar que se responderá a 50 usuarios en esos mismos 500ms en un servidor con 4GB de RAM y 4 núcleos.

¿Por qué? El primer motivo es porque quizá a los 32 usuarios concurrentes exista un error que haga que el servicio se caiga. El segundo es porque el escalado de un sistema mínimamente complejo es cualquier cosa menos lineal.

Extrapolar datos de rendimiento entre arquitecturas

Esta es una de las extrapolaciones más comunes: hemos hecho una prueba de rendimiento en un entorno de preproducción y queremos saber cómo se comportará la aplicación en el entorno de producción.

Antes de seguir una aclaración: vaya por delante que si tu vida, tu trabajo, tu dinero o algo que te importe depende de conocer cómo se va a comportar la aplicación en el entorno de producción la recomendación es clara: testéala en el entorno de producción.

Bien. Espero haber sido claro. Y ahora, una vez estoy seguro que no vas a morir, ni vivir debajo de un puente por haber leído este libro, lo siguiente que tengo que decir es que la única forma de extrapolar resultados, con un mínimo de precisión, es siendo capaz de realizar varias mediciones controladas de la misma aplicación en diferentes tamaños de arquitectura.

Es decir, si únicamente puedes utilizar una arquitectura de prueba, tienes la misma probabilidad de predecir el comportamiento en producción que de ganar a la ruleta.

Por tanto, necesitas utilizar, al menos, dos arquitecturas de prueba. Aunque lo deseable sería que utilizases cuantas más mejor. Esto, la única forma que existe de hacerlo, si no te sobra el dinero, es mediante virtualización.

Hecha esta matización, el paso siguiente es replicar un test de rendimiento en diferentes configuraciones de ese entorno para distintos valores de CPU y RAM, y a partir de esa información determinar un patrón de escalado del mismo y ver de qué variable es dependiente. Una vez tenemos el patrón de escalado, deberíamos ser capaces de predecir, por interpolación, qué sucedería en un sistema con un tamaño N veces superior.

No obstante, hago un inciso: para que la interpolación tenga algún viso de cumplirse, los elementos de infraestructura común del entorno de producción deben estar correctamente dimensionados y ser capaces de soportar la carga de peticiones interpolada. Dicho de una forma más sencilla, si nosotros determinamos que nuestro servicio va a triplicar el rendimiento de preproducción, que ha sido de 50 usuarios, para que eso sea cierto, toda la infraestructura de producción compartida con el resto de servicios que ya existen debe ser capaz de soportar esos 150 usuarios más. En caso contrario, no se cumplirá tal suposición.

◥ EJEMPLO 6-1 - Un ejemplo *sencillo* de extrapolación

Para finalizar este apartado, vamos a calcular la extrapolación de un servicio de eLearning *Moodle* autocontenido en un único sistema, es decir, tanto el servidor HTTP Apache, como el SGDB MySQL están en el mismo sistema (lo cual simplifica el cálculo mucho).

Este sistema se ha virtualizado en 4 configuraciones diferentes: 1 núcleo / 512MB, 1 núcleo / 2GB, 2 núcleos / 1GB y 2 núcleos / 2GB.

Sobre estas configuraciones se ha realizado una prueba de *becnhmarking* (peticiones sin espera) para determinar el número máximo de peticiones por segundo atendidas por el sistema con 10 usuarios concurrentes.

Configuración	Peticiones por segundo
1 core 3GHZ, 0.5 GB	25,6
1 core 3GHZ, 2GB	25,5
2 cores 3GHZ, 1 GB	43
2 cores 3GHZ, 2GB	43,3

TABLA 6-1

El resultado es el que se recoge en la *[tabla 6-1]* donde se puede comprobar que el escalado es dependiente de la CPU y no parece verse afectado por la cantidad de memoria RAM disponible.

Con estos valores se realiza un cálculo de una recta de regresión lineal, siendo X el número de núcleos del sistema y despreciándose el impacto de la memoria RAM. La recta buscada es 7 + 18X

Según este cálculo para un sistema de 4 núcleos, independiente de la memoria RAM disponible el rendimiento debería ser de 79 peticiones por segundo atendidas.

Para finalizar, se ha realizado una prueba en un sistema real con 4 núcleos a 3GHZ y 4GB de memoria RAM. El resultado obtenido ha sido de 77,5 peticiones por segundo atendidas.

Etiqueta	Media	Rendimiento
/moodle/	322	15,6/sec
/moodle/calendar/view.php	283	16,4/sec
/moodle/calendar/export....	264	16,3/sec
/moodle/calendar/export_...	67	16,3/sec
/moodle/login/index.php	197	16,3/sec
Total	227	77,5/sec

FIGURA 6-8

Extrapolar peticiones de usuario

La extrapolación del número de peticiones de usuarios concurrentes que realizan peticiones sin espera es otra de las grandes áreas de cábala de las pruebas de rendimiento.

Mi consejo vuelve a ser el obvio, si necesitas conocer con precisión qué tiempos de respuesta van a tener un número grande de usuarios que se comportan de forma normal, haciendo una petición cada varios segundos, el procedimiento correcto, si no puede generarse esa carga desde un único sistema, es generarlo de forma distribuida.

No obstante, existe un método, no del todo fiable, para convertir peticiones sin espera en usuarios convencionales.

La idea es la siguiente: sin que exista degradación del servicio, N usuarios totalmente concurrentes, sin tiempo de espera entre peticiones, producen un tiempo de respuesta T.

Por otra parte, un usuario convencional tiene un tiempo de espera U entre petición y petición. Por tanto, el sistema será capaz de atender a (U/T)*N usuarios.

Si continuamos con el caso del *[ejemplo 6-1]* el sistema está respondiendo en 227ms a 10 usuarios concurrentes. Si damos por buena la estimación que hicimos por la que un usuario navega a un ritmo de 1 acción cada 3 segundos, el resultado es que el sistema *Moodle* sería capaz de atender aproximadamente a 132 usuarios con actividad simultánea y un tiempo de respuesta entorno a los 225ms.

La prueba real ha determinado que 130 usuarios simultáneos con acciones cada 3 segundos tienen un tiempo de respuesta de unos 250ms.

CASO PRÁCTICO | 7

A lo largo de los casos prácticos de este capítulo vamos a ir ejemplificando de la forma más real posible todos los conceptos que se han desarrollado a lo largo del texto.

Esta práctica hace uso de BITNAMI MOODLE STACK, disponible en https://bitnami.com/stack/moodle. Se recomienda su instalación en una máquina virtual como paso inicial para la ejecución de este caso práctico.

Advertencia: mejorar la legibilidad final de cada página impide la numeración de tablas y figuras en este capítulo.

7.1 | PRIMERA PARTE: MOODLE PREPRODUCCIÓN

El primer paso serán plantear los objetivos de la prueba que vamos a realizar contestando algunas de las cuestiones que ya vimos en el capítulo 4.

I. ¿Qué servicio/infraestructura/... queremos evaluar?

Moodle sobre el entorno de preproducción.

II. ¿Queremos una valoración de la experiencia del usuario u obtener información interna de nuestros sistemas?

Valoración de la experiencia de usuario y garantizar que las respuestas se emiten en un tiempo medio inferior a 1000ms

III. En caso de que queramos valorar la experiencia de usuario, ¿nos interesa su ubicación geográfica? ¿Y las limitaciones de nuestra conexión WAN?

No.

IV. ¿Necesitamos conocer cuál es la capacidad máxima del sistema y en qué punto deja este de atender usuarios de forma correcta?

No.

V. ¿Queremos saber si podemos hacer frente a avalanchas puntuales en nuestro número habitual de usuarios?

No

VI. En caso de que exista, ¿queremos saber si el contenido de terceros (p.ej. APIs de servicios web) está perjudicando nuestro rendimiento?

No.

VII. ¿Queremos evaluar un servicio que va a ser liberado en producción? ¿Es una nueva versión de uno que ya existe previamente?

Sí, se trata de un servicio a liberar en producción, pero cuyo entorno todavía no está listo y desea adaptarse en base a estos resultados.

Por motivos de calendario se va a realizar un test previo en preproducción.

VIII. ¿Queremos evaluar un servicio que se encuentra ya en producción?

No.

IX. ¿Necesitamos conocer la evolución del servicio en el tiempo?

No.

X. ¿Existen cuestiones específicas por áreas/departamentos?

a. ¿Queremos conocer cómo ha mejorado o empeorado el rendimiento de la versión actual respecto a la pasada? ¿Existe un baseline previo? No, no existe baseline previo.

b. ¿Queremos conocer cómo influye el aumento o disminución de recursos hardware? Sí, necesitamos conocer la estimación de rendimiento del sistema en el entorno de producción.

c. ¿Deseamos detectar errores tempranos en el desarrollo? No

El resultado de la planificación es que disponemos de un servicio que queremos lanzar por primera vez en producción, pero cuyo sistema de producción todavía no está listo y, además, es posible que puedan depender de los resultados de esta prueba algunos ajustes de ese entorno.

Cuestiones de Planificación

¿Dónde hacer la prueba?

La prueba se va a realizar en el entorno de preproducción-

¿Cuánta carga generar?

Se desconoce el uso real del servicio. Se obtiene una estimación de uso de un servicio que tiene el mismo público objetivo y una importancia equivalente en la organización.

```
# cat access.log | cut -d" " -f4 | cut -d":" -f-3 | awk '{print "requests from " $1}' | sort | uniq -c | sort -n | tail -n1

   1743 requests from 05/May/2014:09:20

# cat access.log | cut -d" " -f4 | awk '{print "requests from " $1}' | sort | uniq -c | sort -n | tail -n1

    196 requests from 05/May/2014:09:20:23
```

En base a ello se definen los siguientes números de usuarios:

- **Usuarios medios:** 29 usuarios.
- **Pico de usuarios:** 196 usuarios.

¿Quién participa?

Se trata de un único servicio HTTP, no se va a hacer evaluación de otro tipo de arquitectura. En principio, 1 persona con conocimiento de la arquitectura IT que soporta el servicio.

¿Cuándo hacer la prueba?

En este caso concreto, dado que se trata del entorno de preproducción, no existen ventanas de tiempo restrictivas.

¿Desde donde hacer la prueba?

Desde la misma subred del sistema de preproducción.

¿Qué medidas obtener?

No se quiere valorar la capacidad interna del sistema. Por tanto se obtendrán las medidas genéricas externas.

Diseño de prueba

Dado que no tenemos usuarios, ni estimación de uso, no vamos a diseñar la prueba simulando comportamiento real de usuario, sino que vamos a proceder a un diseño de prueba en base a unos criterios CRUD. La complejidad de código no se evaluará debido al esfuerzo que suponer hacerlo para un desarrollo externo sobre el que no poseemos conocimiento detallado.

Con la información que disponemos conocemos que moodle hace uso intensivo de disco en el acceso a ficheros de cursos, y tal función será testada y, paralelamente, hace uso de funciones CRUD en base de datos. Funcionalidad que también será evaluada. Dado que no se tiene información de uso real se utilizará una valoración ponderación de 70% para acciones R (lecturas) y 30% para operaciones de Creación/Actualización/Eliminación que se considerarán equiprobables (10% cada operación). El tiempo entre petición será de ~2 segundos.

Capa\Acción	C	R	U	D
Memoria Local*	✗	✗	✗	✗
Disco Local	✗	✓	✗	✗
SGBD	✓	✓	✓	✓

Ruta	Tipo	Acción
/moodle/	SGDB - R	Página principal
/moodle/login/	SGDB - R	Login
/moodle/course/	SGDB - R	Página de cursos
/moodle/course/view.php	SGDB - R	Ver curso
/moodle/mod/page/view.php	FILE - R	Ver contenido de curso
/moodle/mod/quiz/view.php	SGDB - R	Ver test
/moodle/mod/quiz/attempt.php	SGDB - R	Realizar test
/moodle/mod/forum/post.php	SGDB - C	Añadir tema al foro
/moodle/mod/forum/post.php?edit	SGDB - U	Editar tema del foro
/moodle/mod/forum/post.php?delete	SGDB - D	Eliminar tema del foro

Implementación de prueba

La prueba va a ser implementada en JMeter. Para ello, comenzamos ejecutando el servidor proxy dentro de nuestro banco de pruebas.

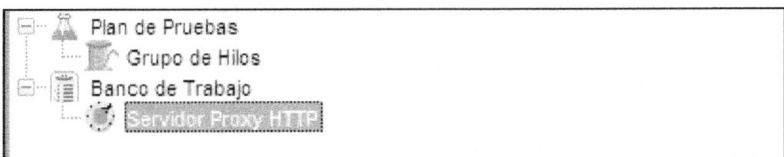

A partir de él reconstruiremos las peticiones que deseamos ejecutar como parte de la prueba y agruparemos todas las peticiones que se generan a partir de cada una en *controladores simples*.

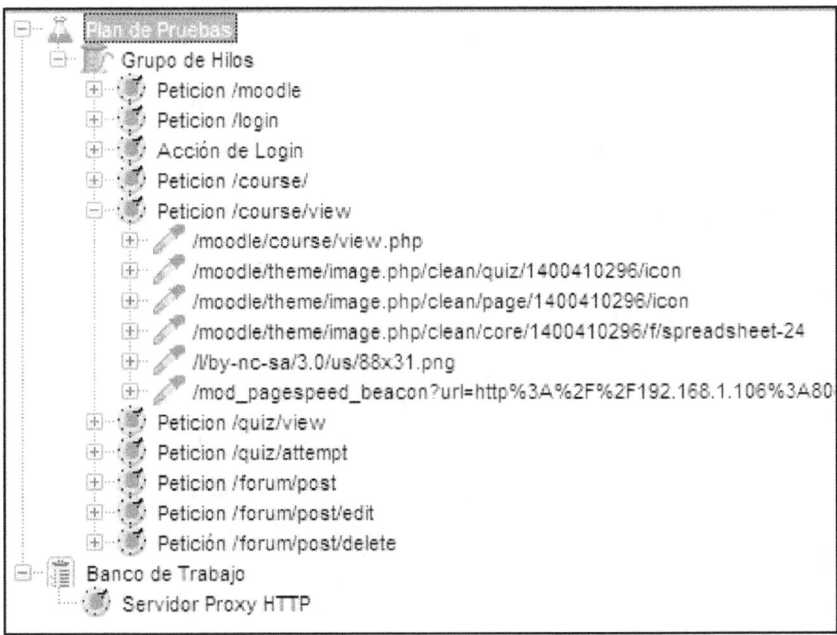

A continuación debemos evaluar los parámetros de las peticiones para identificar posibles valores que sean únicos para cada petición o dependientes de la sesión.

Detectamos dos parámetros:

- **sesskey:** identificador de sesión único. Asociado al login de cada usuario. Se devuelve codificado dentro de código JScript de las páginas de cada petición. No varía entre peticiones.

  Es necesario en las siguientes peticiones:

  /quiz/attempt
  /forum/post/edit
  /forum/post/delete

- **id:** identificador autoincremental que identifica cada uno de los posts creados en el foro. Es necesario en las acciones de eliminación y edición de mensajes del foro.

Para el control de *sesskey* haremos uso de un postprocesador de expresiones regulares. Dado que *sesskey* no varía a lo largo de una sesión, y para mejorar el rendimiento, lo asociaremos a la acción de login, que irá dentro de un controlador only-once y sólo se ejecutará 1 vez por usuario.

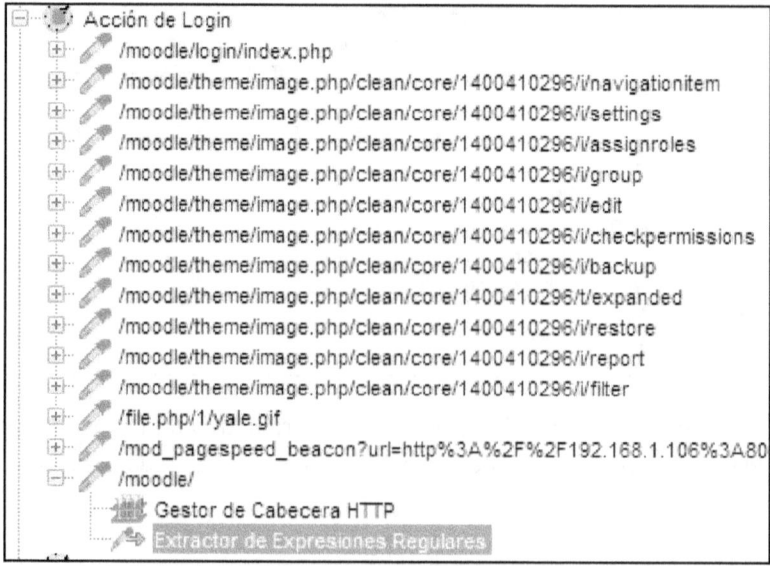

La expresión regular a usar será `"sesskey":"(.+?)"`. La cual capturará el contenido entre paréntesis asociado la variable *sesskey* que se encuentra en una estructura JScript, dentro de cada página devuelta por el servidor, como la siguiente:

```
M.cfg={"wwwroot":"http:\/\/192.168.1.106:8080\/moodle","sesskey":"9hevcj1s7a" ...
```

Extractor de Expresiones Regulares

- Nombre: Extractor de Expresiones Regulares
- Comentarios:
- Aplicar a: ○ Muestra principal y submuestras ● Sólo muestra principal
- Campo de Respuesta a comprobar: ● Cuerpo ○ Cuerpo (No escapado)
- Nombre de Referencia: sesskey
- Expresión Regular: `"sesskey":"(.+?)"`
- Plantilla: 1
- Coincidencia No. (0 para Aleatorio): 1
- Valor por defecto: null

Por otra parte el código autoincremental en principio podríamos pensar gestionarlo únicamente con un contador o con un campo autoincremental leído de un fichero CSV, pero vamos a tener problemas de concurrencia.

Conforme incrementásemos el número de threads, debido a los temporizadores aleatorios, se

Contador

- Nombre: Contador ID
- Comentarios:
- Arrancar: 2000
- Incrementar: 1
- Máximo:
- Formato del número:
- Nombre de Referencia: id
- ☐ Contador independiente para cada usuario
- ☐ Reset counter on each Thread Group Iteration

intentarían borrar mensajes que todavía no se hubiesen generado, produciéndose errores y quedando mensajes sin guardar.

Por ello, en condiciones de alta concurrencia, lo recomendable es obtener el valor de ID desde el servidor. En este caso, lo vamos a hacer utilizando dos elementos, por un lado el contador local, para generar asuntos de mensaje único y por otro un extractor de expresiones regulares, para en función del asunto del mensaje único, obtener su ID.

sesskey	${sesskey}
_qf__mod_forum_post_form	1
mform_isexpanded_id_general	1
subject	test_${id}
message[text]	<p>test</p>

Cada mensaje que generemos tendrá un asunto test_ID, donde ID será el valor del contador, que hemos seleccionado comience en 2000. Por tanto el primer mensaje creado será test_2000

A partir de esa información, una vez el mensaje se ha creado, hacemos una petición para recuperar la lista de mensajes y vemos el HTML creado para parsear el valor ID único del mensaje que acabamos de crear, nuevamente mediante un postprocesador de expresiones regulares.

```
<tr class="discussion r0"><td class="topic starter"><a href="http://192.168.1.106:8080/moodle/mod/forum/discuss.php?d=1090">test_2000</a></td>
```

Este sería el HTML devuelvo y el ID único que nos interesa es el 1090 que después deberemos usar para editarlo y para borrarlo. Por tanto, vamos a colocar un postprocesador con una nueva expresión regular, que permita que cada vez que se cree un mensaje obtengamos su ID.

Nombre de Referencia:	contador
Expresión Regular:	discuss\.php\?d\=(.+?)\"\>test_${id}\<
Plantilla:	1
Coincidencia No. (0 para Aleatorio):	1
Valor por defecto:	null

Con las dos variables *${sesskey}* y *${contador}* deberemos modificar todas las peticiones que hacen uso de esos parámetros variables.

```
Petición HTTP
  Nombre: /moodle/mod/forum/post.php
  Comentarios Detected the start of a redirect chain
  ┌Servidor Web─────────────────────────────
  Nombre de Servidor o IP: 192.168.1.106
  ┌Petición HTTP────────────────────────────
    Implementación HTTP: [  v]  Protocolo: http   Método: POST  v   Codificación del contenido:
    Ruta: /moodle/mod/forum/post.php
    [ ] Redirigir Automáticamente   [✓] Seguir Redirecciones   [✓] Utilizar KeepAlive   [ ] Usar 'multipart/form-da
    Parameters | Body Data
                                                          Enviar Parámetros Con la Petición:
    |           Nombre:            |                    |
    | delete                       | ${contador}        |
    | confirm                      | ${contador}        |
    | sesskey                      | ${sesskey}         |
```

En la imagen superior se puede ver el ejemplo de la petición de confirmación de un mensaje en el foro, la cual necesita contener la clave única de esa sesión y el número de post único a eliminar.

Llegados a este punto vamos a recapitular la implementación de la prueba en la siguiente imagen, porque es un proceso relativamente complejo y que la primera vez que se lee puede causar cierta desorientación.

Tenemos por un lado el controlador "Only Once" que garantiza que únicamente se va a hacer login una vez por sesión. Asociado al proceso de Login (para cada sesión), el extractor de expresiones regulares que obtiene la variable ${sesskey}.

Una vez se ha realizado login se ejecutan las peticiones de visualización de curso, de ejecución de test y de creación/actualización/eliminación de mensajes en el foro.

Para la actualización/eliminación de mensajes necesitamos obtener el ID único y autoincremental de cada mensaje que hemos creado. Para ello, lo que hacemos es, por un lado crear los mensajes con un asunto único asociado a un contador local, y de esa forma nos garantizamos poder construir una expresión regular que nos devuelva el ID que nos asigna el servidor tras la creación del mensaje. Una vez tenemos el ID asignado por el servidor, ya podemos realizar las peticiones de edición y borrado.

Llegados a este punto, el único elemento que necesitamos es colocar los temporizadores para la simulación del tiempo de pausa de cada usuario. Hemos definido un tiempo de pausa aproximado de 2 segundos entre petición principal y petición principal.

Para el temporizador seleccionamos un temporizador aleatorio gaussiano con un valor 2000ms +- 250ms y lo colocamos dentro de la primera petición de cada uno de los controladores simples.

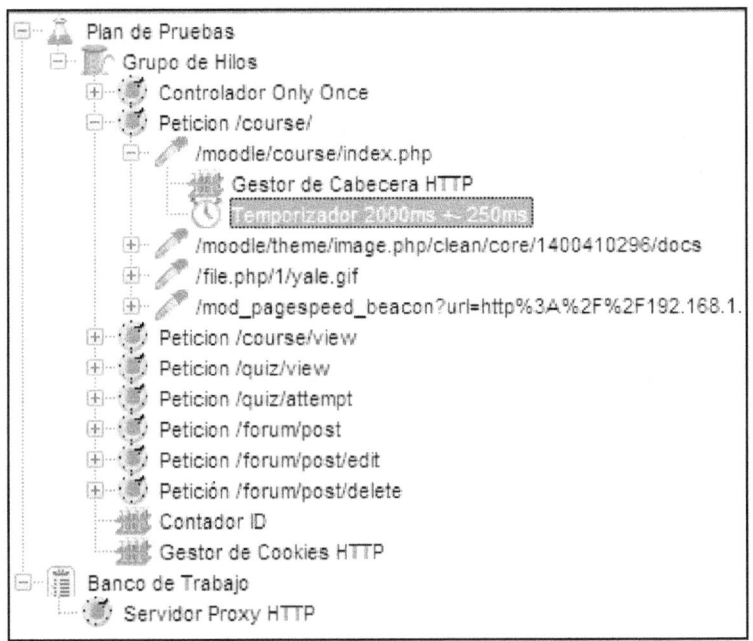

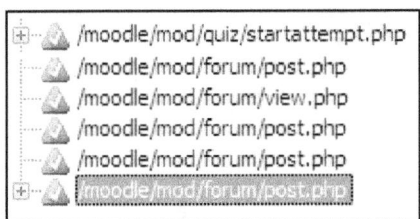

Finalmente, para evaluar si el resultado es el deseado ponemos un colocamos como receptor de información un Árbol de Resultados y hacemos una ejecución de prueba con 1 thread y 1 iteración.

Deberemos comprobar que todas las peticiones se ejecutan adecuadamente y que se están usando de forma adecuada las variables que hemos definido.

```
POST http://192.168.1.106:8080/moodle/mod/forum/post.php

POST data:
delete=10&confirm=10&sesskey=iG5ZKOwgz8
```

En la imagen superior se puede ver cómo la variable sesskey ha sido correctamente inicializada al valor devuelto por la web, y cómo el contador de ID ha sido inicializado a 10, según el valor que hemos seleccionado.

Si todo está correcto podemos seleccionar el número de usuarios virtuales simultáneos de la prueba que se había definido ~30 usuarios y un periodo de subida de 120 segundos.

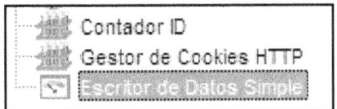
El último punto será cambiar el receptor por un escritor de datos simple.

Una vez hecho y seleccionado un nombre descriptivo para los datos de la prueba, podemos proceder a su ejecución.

Ejecución de la prueba

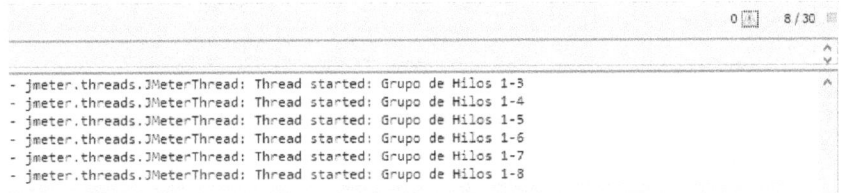

Abrimos la ventana de log y vamos controlando los threads creados y el ritmo de creación.

Una vez haya transcurrido el minuto en el que se crearán todos los hilos necesarios hasta llegar a 30 hilos, lo recomendable es esperar un periodo de estabilización del test antes de su finalización. Para una prueba de carga como la descrita un tiempo razonable pueden ser unas 3 veces el periodo de subida.

En este tiempo también podemos monitorizar el estado del servidor que estamos evaluando.

```
top - 18:20:24 up 5:42,  2 users,  load average: 6,27, 5,83, 4,50
Tasks: 133 total,   6 running, 127 sleeping,   0 stopped,   0 zombie
%Cpu(s): 57,6 us, 38,8 sy,  0,0 ni,  0,0 id,  0,7 wa,  0,0 hi,  3,0 si,  0,0 st
KiB Mem:   2065016 total,  1668776 used,   396240 free,    140496 buffers
KiB Swap:  1570812 total,      168 used,  1570644 free,   1062084 cached
```

Evaluación de resultados

Cargamos las los gráficos de resultados en JMeter. Y vemos las esperadas líneas, con lo cual ha habido un escalado razonablemente aceptable.

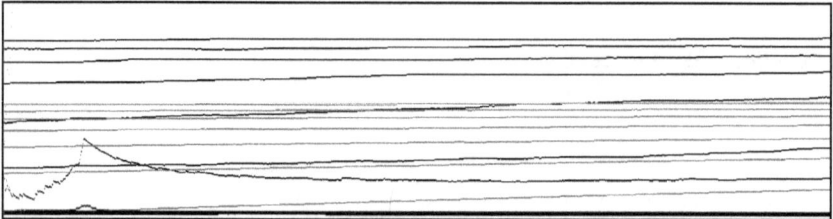

Por su parte los tiempo de respuesta, no son una línea perfecta, lo que denota un <u>mínimo de congestión</u> debido a que oscilan entre una cota inferior y una superior, de forma alterna, sin que exista una tendencia al alza. 30 usuarios parece ser el límite de escalado antes de una pérdida de rendimiento del sistema.

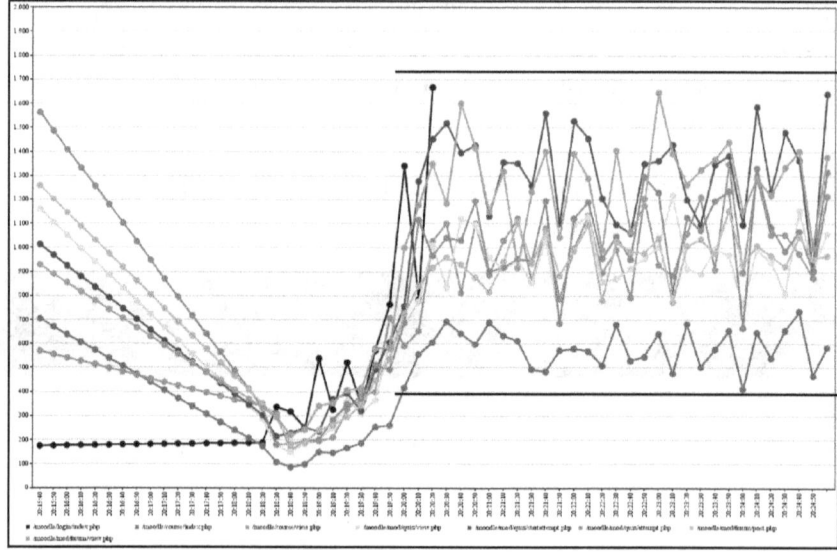

Finalmente podemos proceder a evaluar los tiempos de respuesta del servicio.

Petición	Tiempo med. resp.	Tiempo min. resp.	Tiempo máx. resp.
/moodle/	313	19	1072
/moodle/login/index.php	575	43	3132
/moodle/course/index.php	522	84	1251
/moodle/mod/quiz/startattempt.php	1197	214	2609
/moodle/mod/quiz/attempt.php	969	168	2467
/moodle/mod/forum/post.php	896	122	2980
/moodle/mod/forum/view.php	1180	203	2771

En general el tiempo medio de respuesta se mueve en torno a los 800ms y el máximo entorno a los 2500ms.

El rendimiento (número de peticiones atendidas) se mueve en torno a 1300 peticiones por minuto.

Extrapolación de resultados

Aprovechando la información de la tabla 6-1 para interpolación de Moodle, podemos intentar calcular el rendimiento que el sistema va a tener en el entorno de producción. A priori, la mejora del rendimiento derivada de duplicar la capacidad de CPU del sistema está en torno al 70%. No obstante, no es conveniente realizar extrapolaciones en sistemas que presentan algún mínimo de congestión, porque los datos son menos fiables.

Configuración	Peticiones por segundo
1 core 3GHZ, 0.5 GB	25,6
1 core 3GHZ, 2GB	25,5
2 cores 3GHZ, 1 GB	43
2 cores 3GHZ, 2GB	43,3

En principio, si no hubiese congestión en la información, dado con el entorno de producción es un sistema con 4 núcleos y 4GB de memoria, podemos esperar atender 50 usuarios simultáneos, en producción, con estos tiempos medios entorno a los resultados obtenidos en esta prueba o a 30 usuarios simultáneos (29 es el valor medio de usuarios estimados para el servicio) con tiempos de respuesta entorno a 500ms.

7.2 | Segunda parte: moodle producción

En base a los resultados obtenidos parece que el entorno de producción puede cumplir con los criterios de calidad de servicio fijados en la planificación y por ello se decide el paso a producción del sistema, con la configuración diseñada inicialmente: 4 núcleos y 4GB.

Antes de su apertura al usuario se acuerda la repetición del test de rendimiento, para confirmar los resultados extrapolados desde el entorno de preproducción. Se repite la prueba y se obtienen los siguientes valores.

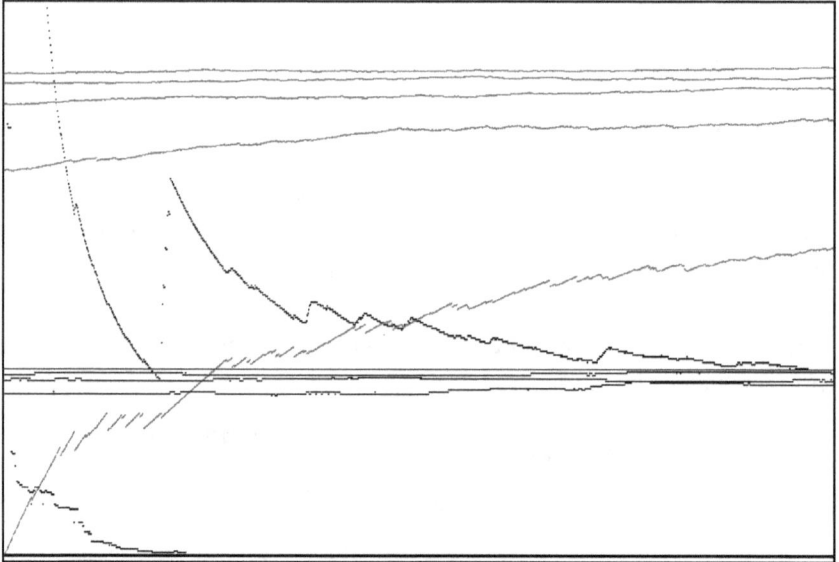

La gráfica de resultados muestra una estabilidad en la prueba, con un correcto escalado y unos tiempos de respuesta homogéneos con líneas más claras y compactas.

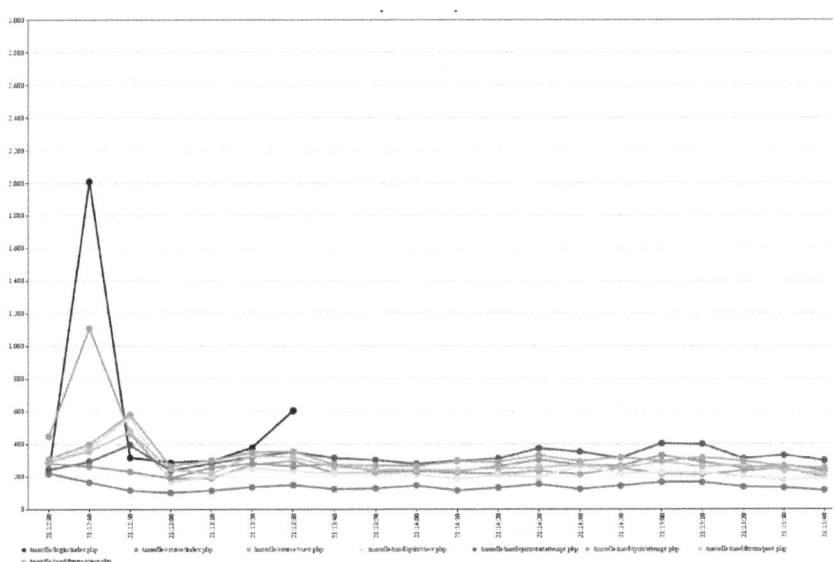

Paralelamente, al representar los tiempos de respuesta, no hay ningún tipo de congestión, como sí presentaba (aunque muy ligera) el entorno de preproducción.

Petición	Tiempo med. resp.	Tiempo min. resp.	Tiempo máx. resp.
/moodle/	60	103	6371
/moodle/login/index.php	60	44	**4999**
/moodle/course/index.php	314	87	638
/moodle/mod/quiz/view.php	307	147	1027
/moodle/mod/quiz/startattempt.php	306	220	975
/moodle/mod/quiz/attempt.php	300	36	644
/moodle/mod/forum/post.php	1173	119	935
/moodle/mod/forum/view.php	295	207	706
TOTAL	351,875 ms	120,375 ms	2036,875 ms

Finalmente, se evidencia una clara mejora en los tiempos de respuesta, mejorándose el rendimiento que se había calculado por extrapolación.

7.3 | Tercera parte: Moodle SGBD

Como último punto de este ejemplo práctico, vamos a abandonar el ámbito web y vamos a dirigir nuestra atención en la base de datos MySQL de ese Moodle que acabamos de evaluar.

Vamos a suponer, por un momento, que por el motivo que sea, de los vistos con anterioridad, no deseamos conocer el rendimiento del servicio web, sino que lo que deseamos conocer es el rendimiento exclusivamente de la base de datos. ¿Qué deberíamos hacer?

Primero: Elegir correctamente las consultas

Esta parte ejemplifica muy bien lo que comentamos dentro de la sección 5.1 en el apartado dedicado a *diseño de pruebas no-web*. El caso de un SGBD es un caso claro de servicio no-web diferenciado por el contenido de la petición.

En este tipo de escenario tenemos dos posibilidades.

La primera, muy directa si se trata de un sistema de preproducción, donde podemos alterar el funcionamiento "natural" del sistema de base de datos, es la posibilidad de identificar las peticiones que se producen desde los clientes (en este caso desde el servicio Moodle) colocando la base de dato en modo LOG. Huelga decir, que hacer *logging* intensivo de todas las peticiones degradada el rendimiento del sistema de base de datos y no es aplicable a un entorno de producción, salvo, como es obvio, que tengamos la capacidad de detener el servicio de producción.

La otra opción es la inversa, colocar los clientes en modo LOG (una opción que existe por ejemplo en algunos JDBC connectors) o directamente tener que lidiar con el fuente del aplicativo para determinar las consultas que se realizan.

En este caso vamos a tomar la primera solución: identificar las peticiones que realiza moodle colocando MySQL en modo LOG.

```
# cat /etc/my.cnf
[mysqld]
```

```
datadir=/var/lib/mysql
socket=/var/lib/mysql/mysql.sock
user=mysql
symbolic-links=0

general_log=1
general_log_file=/var/log/mysql-queries.log

[mysqld_safe]
log-error=/var/log/mysqld.log
pid-file=/var/run/mysqld/mysqld.pid
```

Para colocar MySQL (superior a 5.1.29) en modo LOG se deben usar los parámetros *general_log* y *general_log_file*.

De esta forma seremos capaces de generar un fichero de logs donde se almacenarán todas las peticiones recibidas por el SGDB.

Un ejemplo de su contenido puede ser el siguiente:

11 Query: SELECT DISTINCT st.id, st.tn, st.until_time FROM ticket st INNER JOIN queue sq ON sq.id = st.queue_id WHERE 1=1 AND st.ticket_state_id IN (6) AND st.ticket_lock_id IN (2,3) AND st.user_id IN (2) AND sq.group_id IN (1, 2, 3) AND st.ticket_state_id IN (6, 7, 8) AND st.until_time <= 1401289066 ORDER BY st.until_time DESC LIMIT 10;

11 Query: SELECT filename, content_type, content_size, content_id FROM web_upload_cache WHERE form_id = '1401289180.2411938.17143986' ORDER BY create_time_unix;

Una vez disponemos de las consultas sólo nos queda ir a JMeter.

Segundo: JDBC en JMeter

El primer paso será bajar el driver JDBC necesario para conectar a la base de datos y colocarlo en el directorio /lib de JMeter.

Una vez hecho esto podremos tener acceso a la conexión JDBC a la base de datos y podremos construir la prueba.

Tercero: Una pequeña prueba de ejemplo

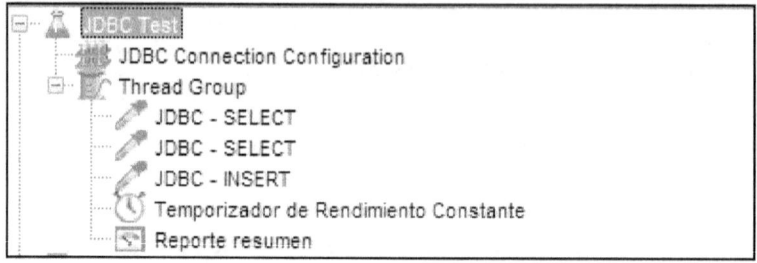

Aquí vemos un ejemplo muy simple de los elementos que constituyen una prueba JDBC.

Por un lado tenemos la configuración de la conexión JDBC.

Configuración de la Conexión JDBC	
Nombre:	JDBC Connection Configuration
Comentarios	
Nombre Variable Enlazado al Pool	
Nombre de Variable:	jdbcConfig
Configuración del Pool de Conexiones	
Número Máximo de Conexiones:	10
Timeout del Pool:	10000
Intervalo de Limpieza por Inactividad (ms):	60000
Auto Commit:	True
Transaction Isolation:	DEFAULT
Validación de Conexión por Pool	
Keep-Alive:	True
Edad máxima de las Conexiones (ms):	5000
Query de Validación:	Select 1
Configuración de la Conexión a Base de Datos	
URL de la Base de Datos:	jdbc:mysql://192.168.56.101:3306/moodle
Clase del Driver JDBC:	com.mysql.jdbc.Driver
Nombre de Usuario:	moodle
Password:	••••••••••••••••

Y por otro un grupo de hilos donde en este caso aparecen tres consultas. Cada consulta es algo tan sencillo como incluir la consulta que hemos capturado en el LOG dentro de un campo.

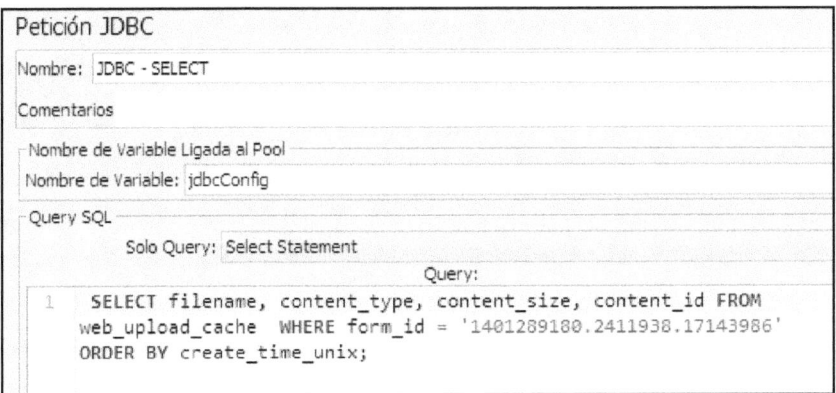

Finalmente hemos incluído un tipo de temporizador que en este tipo de pruebas puede resultar muy útil: el temporizador de rendimiento constante.

Es un temporizador que básicamente ajusta el retardo entre petición y petición para ejecutar un total N en una unidad de tiempo. En este caso lo hemos ajustado para realizar 5.000 peticiones por minuto. Este valor lo podemos obtener a partir del número de peticiones SQL que cada petición WEB desencadena. Dicho de otra forma, si sabemos que tenemos 20 peticiones WEB al segundo y que cada petición WEB desencadena ~4 consultas SQL. Tendremos unas 80 peticiones SQL al segundo y unas 4.800 peticiones SQL al minuto.

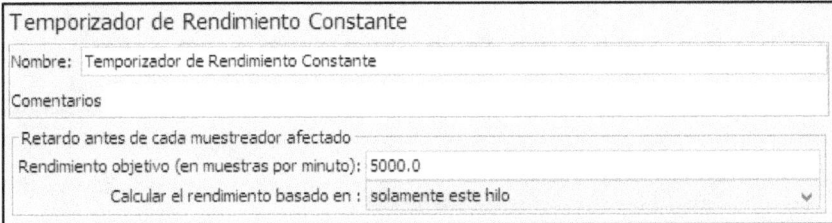

www.ingramcontent.com/pod-product-compliance
Lightning Source LLC
Chambersburg PA
CBHW070228180526
45158CB00001BA/168